KB132481

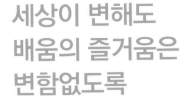

세상이 변해도
배움의 즐거움은
변함없도록

시대는 빠르게 변해도
배움의 즐거움은
변함없어야 하기에

어제의 비상은
남다른 교재부터
결이 다른 콘텐츠
전에 없던 교육 플랫폼까지

변함없는 혁신으로
교육 문화 환경의 새로운 전형을
실현해왔습니다.

비상은 오늘, 다시 한번
새로운 교육 문화 환경을 실현하기 위한
또 하나의 혁신을 시작합니다.

오늘의 내가 어제의 나를 초월하고
오늘의 교육이 어제의 교육을 초월하여
배움의 즐거움을 지속하는 혁신,

바로, 메타인지 기반 완전 학습을.

상상을 실현하는 교육 문화 기업 비상

메타인지 기반 완전 학습

초월을 뜻하는 meta와 생각을 뜻하는 인지가 결합한 메타인지는
자신이 알고 모르는 것을 스스로 구분하고 학습계획을 세우도록 하는
궁극의 학습 능력입니다. 비상의 메타인지 기반 완전 학습 시스템은
잠들어 있는 메타인지를 깨워 공부를 100% 내 것으로 만들도록 합니다.

교과서 개념 잡기

중학 수학

1·1

structure

● 단원별 중요 개념만을
모아 모아!
알기 쉽게 설명했어요.

기본 문제로 개념 이해 쏙쏙! ●
중요 개념은 기억 하자로
콕! 짚어 놨어요.

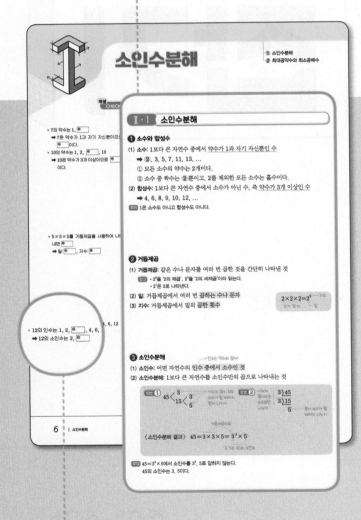

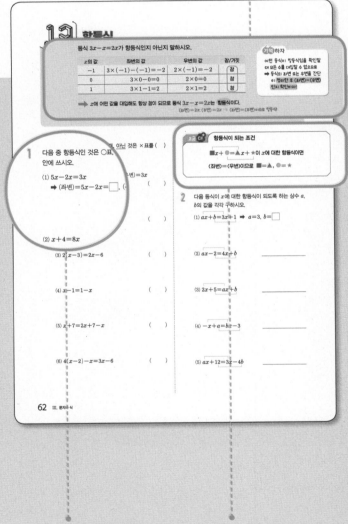

바로바로 풀리는 **개념 CHECK** 로
개념을 확실히 잡을 수 있어요.

유사 문제를 풀고! 풀고!
반복 학습을
할 수 있어요.

개념 설명이 필요한
문제는 **조금 더** 에
핵심 개념을 넣었어요.

☑ 교과서 개념을 꼼꼼하게 학습할 수 있어요!
☑ 기초 문제로 쉽게 공부할 수 있어요!
☑ 3주 안에 빠르게 끝낼 수 있어요!

● 단원별 마무리 문제로
실력을 점검해 봐요.

대단원 개념 마무리

▶정답과 해설 5쪽

1 다음 수의 약수를 모두 구하고, 주어진 수를 소수와 합성수로 구분하시오.

수	약수	소수/합성수
5		
12		
43		
51		

2 다음 수를 거듭제곱을 사용하여 나타내시오.
(1) $11 \times 11 \times 11 \times 11$ _____
(2) $7 \times 2 \times 11 \times 2 \times 2 \times 7$ _____
(3) $\frac{1}{5} \times \frac{1}{5} \times \frac{1}{5} \times \frac{1}{13} \times \frac{1}{13}$ _____
(4) $\frac{1}{2 \times 3 \times 3 \times 11 \times 2}$ _____

3 다음 수를 소인수분해하고, 소인수를 모두 구하시오.
(1) $72 =$ _____
➡ 소인수: _____
(2) $150 =$ _____
➡ 소인수: _____

4 다음 수를 소인수분해하고, 이를 이용하여 주어진 수의 약수를 모두 구하시오.
(1) $81 =$ _____
➡ 81의 약수: _____
(2) $100 =$ _____
➡ 100의 약수: _____

5 다음 수의 약수는 모두 몇 개인지 구하시오.
(1) $3^3 \times 11$
(2) 54
(3) 140

6 다음 중 두 수가 서로소인 것은 ○표, 아닌 것은 ×표를 ( ) 안에 쓰시오.
(1) 9, 10 ( ) (2) 17, 34 ( )
(3) 27, 32 ( ) (4) 35, 49 ( )

7 소인수분해를 이용하여 다음 수들의 최대공약수를 구하시오.
(1) 24, 36 _____
(2) 28, 32, 40 _____
(3) 30, 45, 75 _____

8 소인수분해를 이용하여 다음 수들의 최소공배수를 구하시오.
(1) 28, 49 _____
(2) 10, 15, 22 _____
(3) 18, 20, 30 _____

대단원 개념 마무리 19

정수와 유리수

▶정답과 해설 34쪽

Ⅱ-1 정수와 유리수

① 양수와 음수

1 다음 밑줄 친 부분을 부호 + 또는 -를 사용하여 나타내시오.
(1) 몸무게 3 kg 증가를 +3 kg으로 나타낼 때, 몸무게 2 kg 감소
(2) 서쪽으로 100 m 떨어진 지점을 -100 m로 나타낼 때, 동쪽으로 50 m 떨어진 지점
(3) 영상 8 ℃를 +8 ℃로 나타낼 때, 영하 3 ℃

2 다음 수를 부호 + 또는 -를 사용하여 나타내시오.
(1) 0보다 4만큼 큰 수
(2) 0보다 6만큼 작은 수
(3) 0보다 2.5만큼 큰 수
(4) 0보다 $\frac{5}{6}$만큼 작은 수
(5) 0보다 0.4만큼 작은 수

3 다음 수를 보기에서 모두 고르시오.
$-3.7, \ -4, \ +1, \ +\frac{5}{4}, \ -23$
(1) 양수
(2) 음수

② 정수와 유리수

4 다음 수를 보기에서 모두 고르시오.
$-5, \ \frac{8}{5}, \ 0, \ +12, \ -\frac{1}{2}, \ +4.5$
(1) 자연수
(2) 정수
(3) 음수
(4) 정수가 아닌 유리수
(5) 유리수

5 다음 설명 중 옳은 것은 ○표, 옳지 않은 것은 ×표 ( ) 안에 쓰시오.
(1) 양수는 + 부호를 생략하여 나타낼 수 있다. ( )
(2) 모든 자연수는 유리수이다. ( )
(3) 양의 유리수와 음의 유리수를 통틀어 유리수라 한다. ( )

6 익힘북

익힘북

개념별 문제를
한 번 더 확인해요.

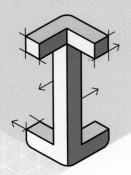

소인수분해

1 소인수분해
2 최대공약수와 최소공배수

개념
CHECK

I·1 소인수분해

1 소수와 합성수

(1) **소수**: 1보다 큰 자연수 중에서 <u>약수가 1과 자기 자신뿐인 수</u>

➡ 2, 3, 5, 7, 11, 13, ...

① 모든 소수의 약수는 2개이다.

② 소수 중 짝수는 2뿐이고, 2를 제외한 모든 소수는 홀수이다.

(2) **합성수**: 1보다 큰 자연수 중에서 소수가 아닌 수, 즉 <u>약수가 3개 이상인 수</u>

➡ 4, 6, 8, 9, 10, 12, ...

주의 1은 소수도 아니고 합성수도 아니다.

- 7의 약수는 1, **❶**
  ➡ 7은 약수가 1과 자기 자신뿐이므로 **❷** 이다.
- 10의 약수는 1, 2, **❸**, 10
  ➡ 10은 약수가 3개 이상이므로 **❹** 이다.

2 거듭제곱

(1) **거듭제곱**: 같은 수나 문자를 여러 번 곱한 것을 간단히 나타낸 것

참고 · 2^2을 '2의 제곱', 2^3을 '2의 세제곱'이라 읽는다.
· 2^1은 2로 나타낸다.

(2) **밑**: 거듭제곱에서 여러 번 <u>곱하는 수나 문자</u>

(3) **지수**: 거듭제곱에서 밑의 <u>곱한 횟수</u>

$$2\times2\times2=2^3 \quad\text{지수}$$
2가 3개 밑

- $5\times5\times5$를 거듭제곱을 사용하여 나타내면 **❺**
  ➡ 밑: **❻**, 지수: **❼**

3 소인수분해

인수는 약수와 같아!

(1) **소인수**: 어떤 자연수의 <u>인수</u> 중에서 소수인 것

(2) **소인수분해**: 1보다 큰 자연수를 소인수만의 곱으로 나타내는 것

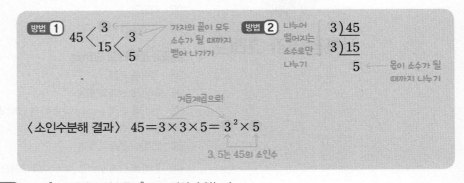

〈소인수분해 결과〉 $45=3\times3\times5=3^2\times5$

3, 5는 45의 소인수

- 12의 인수는 1, 2, **❽**, 4, 6, 12
  ➡ 12의 소인수는 2, **❾**

주의 $45=3^2\times5$에서 소인수를 3^2, 5로 답하지 않는다.
45의 소인수는 3, 5이다.

I·2 최대공약수와 최소공배수

❶ 공약수와 최대공약수

(1) **공약수**: 두 개 이상의 자연수의 공통인 약수

(2) **최대공약수**: 공약수 중에서 가장 큰 수

(3) **최대공약수의 성질**

두 개 이상의 자연수의 공약수는 그 수들의 최대공약수의 약수이다.

(4) **서로소**: 최대공약수가 1인 두 자연수

　　예 2와 3, 5와 8, 9와 10, …

❷ 소인수분해를 이용하여 최대공약수 구하기

❶ 주어진 수를 각각 소인수분해한다.

❷ 공통인 소인수를 모두 곱한다.

이때 소인수의 지수가 같으면 그대로, 다르면 지수가 작은 것을 택하여 곱한다.

$$24 = 2^3 \times 3$$
$$30 = 2 \times 3 \times 5$$
$$\overline{(최대공약수) = 2 \times 3 \quad\quad = 6}$$

공통인 소인수 중
지수가 같거나 작은 것

❸ 공배수와 최소공배수

(1) **공배수**: 두 개 이상의 자연수의 공통인 배수

(2) **최소공배수**: 공배수 중에서 가장 작은 수

(3) **최소공배수의 성질**

① 두 개 이상의 자연수의 공배수는 그 수들의 최소공배수의 배수이다.

② 서로소인 두 자연수의 최소공배수는 두 수의 곱과 같다.

❹ 소인수분해를 이용하여 최소공배수 구하기

❶ 주어진 수를 각각 소인수분해한다.

❷ 공통인 소인수와 공통이 아닌 소인수를 모두 곱한다.

이때 소인수의 지수가 같으면 그대로, 다르면 지수가 큰 것을 택하여 곱한다.

$$24 = 2^3 \times 3$$
$$30 = 2 \times 3 \times 5$$
$$\overline{(최소공배수) = 2^3 \times 3 \times 5 = 120}$$

공통인 소인수 중
지수가 같거나 큰 것

공통이 아닌
소인수도

소수와 합성수

▶정답과 해설 2쪽

다음 수의 약수를 모두 구하고, 소수인지 합성수인지 말하시오.

(1) 3 → 약수는? → 1, 3 → 약수가 2개이면 → **소수**

(2) 6 → 약수는? → 1, 2, 3, 6 → 약수가 3개 이상이면 → **합성수**

기억하자
• 1은 소수도 아니고 합성수도 아니야.
• 2는 유일하게 짝수인 소수이고, 가장 작은 소수야.

○익힘북 2쪽

1 다음 수의 약수를 모두 구하고, 소수와 합성수 중 알맞은 것에 ○표를 하시오.

(1) 8 → 약수는? → _____

→ (소수, 합성수)

(2) 13 → 약수는? → _____

→ (소수, 합성수)

(3) 17 → 약수는? → _____

→ (소수, 합성수)

(4) 28 → 약수는? → _____

→ (소수, 합성수)

2 다음 수 중에서 소수를 모두 골라 ○표를 하시오.

(1)
1, 5, 19, 21, 39, 57, 69, 71

(2)
2, 15, 24, 33, 37, 41, 65, 83

3 다음은 자연수 중에서 소수를 찾는 방법이다. 이 방법을 이용하여 1부터 50까지의 자연수 중에서 소수를 모두 구하시오.

방법
❶ 1은 소수가 아니므로 지운다.
❷ 2는 남기고 2의 배수를 모두 지운다.
❸ 3은 남기고 3의 배수를 모두 지운다.
❹ 5는 남기고 5의 배수를 모두 지운다.
❺ 이와 같은 방법으로 계속 지워 나가면 남는 수가 소수이다.

1	2	3	4	5	6	7	8	9	10
11	12	13	14	15	16	17	18	19	20
21	22	23	24	25	26	27	28	29	30
31	32	33	34	35	36	37	38	39	40
41	42	43	44	45	46	47	48	49	50

➡ 소수: _____

4 다음 설명 중 옳은 것은 ○표, 옳지 않은 것은 ×표를 ( ) 안에 쓰시오.

(1) 약수가 2개인 자연수는 소수이다. ( )

(2) 가장 작은 소수는 1이다. ( )

(3) 모든 소수는 홀수이다. ( )

(4) 모든 자연수는 소수이거나 합성수이다. ( )

거듭제곱

다음 수를 거듭제곱을 사용하여 나타내시오.

2가 **5**개
(1) $2 \times 2 \times 2 \times 2 \times 2 = 2^5$ → 지수(곱한 횟수)
→ 밑(여러 번 곱하는 수)

2가 **3**개
(2) $2 \times 2 \times 2 \times 3 \times 3 = 2^3 \times 3^2$
3이 **2**개

○익힘북 2쪽

1 다음 수의 밑과 지수를 각각 말하시오.

(1) 3^2　　　　　밑: _____, 지수: _____

(2) 5^6　　　　　밑: _____, 지수: _____

(3) 7^{10}　　　　밑: _____, 지수: _____

2 다음 □ 안에 알맞은 수를 쓰시오.

(1) $3 \times 3 \times 3 \times 3 \times 3 = 3^{\square}$

(2) $5 \times 5 \times 5 \times 5 = \boxed{}^4$

(3) $2 \times 2 \times 7 \times 7 \times 7 = 2^{\square} \times 7^{\square}$

(4) $3 \times 3 \times 3 \times 5 \times 5 \times 5 \times 5 = \boxed{}^3 \times \boxed{}^4$

3 다음 수를 거듭제곱을 사용하여 나타내시오.

(1) $10 \times 10 \times 10 \times 10$ _____

(2) $5 \times 5 \times 5 \times 7 \times 7$ _____

(3) $2 \times 2 \times 3 \times 3 \times 7 \times 7 \times 7$ _____

(4) $3 \times 3 \times 5 \times 3 \times 5 \times 11$ _____

조금 더+ 분수의 곱셈을 거듭제곱을 사용하여 나타내기

$\frac{1}{2}$이 **3**개
$\frac{1}{2} \times \frac{1}{2} \times \frac{1}{2} = \left(\frac{1}{2}\right)^3$

4 다음 □ 안에 알맞은 수를 쓰시오.

(1) $\frac{1}{3} \times \frac{1}{3} = \left(\frac{1}{3}\right)^{\square}$

(2) $\frac{1}{5} \times \frac{1}{5} \times \frac{1}{5} \times \frac{1}{5} = \left(\boxed{}\right)^4$

(3) $\frac{1}{2} \times \frac{1}{2} \times \frac{1}{3} \times \frac{1}{3} \times \frac{1}{3} = \left(\frac{1}{2}\right)^{\square} \times \left(\frac{1}{3}\right)^{\square}$

(4) $\dfrac{1}{2 \times 2 \times 2} = \dfrac{1}{\boxed{}^3}$

5 다음 수를 거듭제곱을 사용하여 나타내시오.

(1) $\frac{1}{7} \times \frac{1}{7} \times \frac{1}{7}$ _____

(2) $\frac{1}{3} \times \frac{1}{3} \times \frac{1}{3} \times \frac{1}{5} \times \frac{1}{5}$ _____

(3) $\dfrac{1}{2 \times 2 \times 5 \times 5 \times 5}$ _____

소인수분해

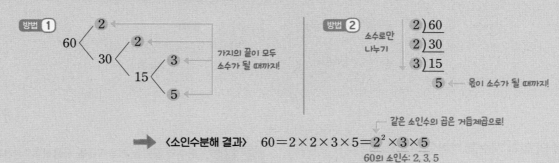

다음 두 가지 방법을 이용하여 60을 소인수분해하시오.

방법 ①

가지의 끝이 모두
소수가 될 때까지!

방법 ②

소수로만
나누기

묶이 소수가 될 때까지!

같은 소인수의 곱은 거듭제곱으로!

➡ 〈소인수분해 결과〉 $60 = 2 \times 2 \times 3 \times 5 = 2^2 \times 3 \times 5$

60의 소인수: 2, 3, 5

◎익힘북 3쪽

1 다음은 두 가지 방법을 이용하여 주어진 수를 소인수 분해하는 과정과 그 결과를 나타낸 것이다. □ 안에 알맞은 수를 쓰시오.

(1) 28

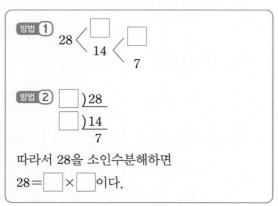

따라서 28을 소인수분해하면

$28 = \square \times \square$이다.

(2) 90

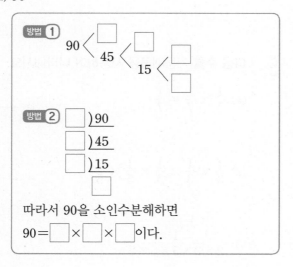

따라서 90을 소인수분해하면

$90 = \square \times \square \times \square$이다.

2 다음 수를 소인수분해하고, 소인수를 모두 구하시오.

(1)
$\begin{array}{r})24 \\ \hline) \\ \hline) \\ \hline \end{array}$
➡
$24 = \underline{\hspace{3cm}}$

소인수: $\underline{\hspace{3cm}}$

(2)
$\begin{array}{r})36 \\ \hline) \\ \hline) \\ \hline \end{array}$
➡
$36 = \underline{\hspace{3cm}}$

소인수: $\underline{\hspace{3cm}}$

(3)
$\begin{array}{r})50 \\ \hline) \\ \hline \end{array}$
➡
$50 = \underline{\hspace{3cm}}$

소인수: $\underline{\hspace{3cm}}$

(4)
$\begin{array}{r})84 \\ \hline) \\ \hline) \\ \hline \end{array}$
➡
$84 = \underline{\hspace{3cm}}$

소인수: $\underline{\hspace{3cm}}$

(5)
$\begin{array}{r})126 \\ \hline) \\ \hline) \\ \hline \end{array}$
➡
$126 = \underline{\hspace{3cm}}$

소인수: $\underline{\hspace{3cm}}$

(6)
$\begin{array}{r})135 \\ \hline) \\ \hline) \\ \hline \end{array}$
➡
$135 = \underline{\hspace{3cm}}$

소인수: $\underline{\hspace{3cm}}$

소인수분해를 이용하여 약수 구하기

▶ 정답과 해설 2쪽

소인수분해를 이용하여 18의 약수를 모두 구하시오.

❶ 소인수분해하기   **❷ 표 그리기**   **❸ 약수 구하기**

18을 소인수분해하면
$18 = 2 \times 3^2$

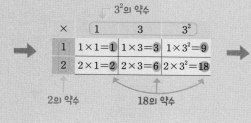

3^2의 약수

×	1	3	3^2
1	$1 \times 1 = 1$	$1 \times 3 = 3$	$1 \times 3^2 = 9$
2	$2 \times 1 = 2$	$2 \times 3 = 6$	$2 \times 3^2 = 18$

2의 약수   18의 약수

18의 약수는
1, 2, 3, 6, 9, 18

◎ 익힘북 3쪽

1 다음은 소인수분해를 이용하여 약수를 구하는 과정이다. 표의 빈칸을 채우고, 주어진 수의 약수를 모두 구하시오.

(1) $15 = 3 \times 5$

×	1	5
1	1	
3		15

15의 약수: _____

(2) $12 = 2^2 \times 3$

×	1	3
1	1	
2	2	
2^2		12

12의 약수: _____

(3) $40 = 2^3 \times 5$

×	1	5
1		
2		10
2^2	4	
2^3		

40의 약수: _____

소인수분해

(4) $75 = $ _____

×	1		
1	1		
			75

75의 약수: _____

소인수분해

(5) $196 = $ _____

×	1		
1	1		
2			

196의 약수: _____

소인수분해

(6) $200 = $ _____

×	1		
1	1		

200의 약수: _____

2 주어진 수의 약수를 각각의 보기에서 모두 고르시오.

(1) 2^5 _____

보기
ㄱ. 1 ㄴ. 2 ㄷ. 3^2
ㄹ. 2^3 ㅁ. 5^2 ㅂ. 2^5

(2) $3^2 \times 5^2$ _____

보기
ㄱ. 3^3 ㄴ. 5^2 ㄷ. 3×5
ㄹ. 3×5^2 ㅁ. $3^3 \times 5^2$ ㅂ. $3^2 \times 5^3$

(3) 36 _____

보기
ㄱ. 1 ㄴ. 4 ㄷ. 2×3^3
ㄹ. $2^3 \times 3$ ㅁ. 2×3^2 ㅂ. $2^3 \times 3^3$

(4) 48 _____

보기
ㄱ. 6 ㄴ. 16 ㄷ. 2×3^2
ㄹ. $2^3 \times 3$ ㅁ. 2^5 ㅂ. 2×3^3

(5) 54 _____

보기
ㄱ. 4 ㄴ. 18 ㄷ. 2×3
ㄹ. $2^2 \times 3$ ㅁ. $2^3 \times 3$ ㅂ. 3^3

조금 더+ **소인수분해를 이용하여 약수의 개수 구하기**

$18 = 2 \times 3^2$의 약수는

➡ (2^1의 약수의 개수) $\times$ (3^2의 약수의 개수)

$= (\boxed{1}+1) \times (\boxed{2}+1)$ ← 각 지수에 1을 더해서 곱하자!

$= 2 \times 3 = 6$(개)

3 다음 □ 안에 알맞은 수를 쓰고, 주어진 수의 약수는 모두 몇 개인지 구하시오.

(1) $2^3 \times 3$

➡ $(\boxed{}+1) \times (\boxed{}+1) = \boxed{}$(개)

(2) $3^2 \times 7^3$ _____

(3) $2 \times 3^2 \times 5^3$

➡ $(\boxed{}+1) \times (\boxed{}+1) \times (\boxed{}+1) = \boxed{}$(개)

(4) $3^4 \times 5 \times 11^2$ _____

4 다음 □ 안에 알맞은 수를 쓰고, 소인수분해를 이용하여 주어진 수의 약수는 모두 몇 개인지 구하시오.

소인수분해

(1) $20 = 2^{\boxed{}} \times 5^{\boxed{}}$

➡ $(\boxed{}+1) \times (\boxed{}+1) = \boxed{}$(개)

(2) 56 _____

(3) 72 _____

(4) 126 _____

6 공약수와 최대공약수

▶정답과 해설 3쪽

다음 두 자연수의 공약수와 최대공약수를 각각 구하시오.

(1) 12, 16   약수는?   12의 약수: 1, 2, 3, 4, 6, 12   공약수: 1, 2, 4   두 수의 공약수는
16의 약수: 1, 2, 4, 8, 16   최대공약수: 4   최대공약수 4의 약수

(2) 5, 9   약수는?   5의 약수: 1, 5   공약수: 1   최대공약수가 1이니까
9의 약수: 1, 3, 9   최대공약수: 1   5와 9는 서로소!

○익힘북 4쪽

1 다음 주어진 두 자연수의 약수, 공약수, 최대공약수를 구하시오.

(1) 16, 20

16의 약수   : _____

20의 약수   : _____

16과 20의 공약수   : _____

16과 20의 최대공약수: _____

(2) 21, 35

21의 약수   : _____

35의 약수   : _____

21과 35의 공약수   : _____

21과 35의 최대공약수: _____

(3) 24, 32

24의 약수   : _____

32의 약수   : _____

24와 32의 공약수   : _____

24와 32의 최대공약수: _____

2 다음 두 자연수의 최대공약수를 이용하여 두 자연수의 공약수를 모두 구하시오.

(1) 18과 24의 최대공약수: 6
➡ 18과 24의 공약수 : _____

(2) 30과 45의 최대공약수: 15
➡ 30과 45의 공약수 : _____

(3) ●와 ▲의 최대공약수: 18
➡ ●와 ▲의 공약수 : _____

3 다음 두 자연수의 최대공약수를 구하고, 두 수가 서로소인 것은 ○표, 서로소가 아닌 것은 ×표를 ( ) 안에 쓰시오.

(1) 8, 11 ➡ 최대공약수: _____ (   )

(2) 16, 28 ➡ 최대공약수: _____ (   )

(3) 33, 55 ➡ 최대공약수: _____ (   )

(4) 26, 63 ➡ 최대공약수: _____ (   )

최대공약수 구하기

▶ 정답과 해설 4쪽

소인수분해를 이용하여 20과 30의 최대공약수를 구하시오.

$$20 = 2^2 \times 5$$
$$30 = 2 \times 3 \times 5$$
$$\text{(최대공약수)} = 2 \quad \times 5 = 10$$

지수가 다르면 → 작은 것

지수가 같으면 → 그대로

공통인 소인수 모두 곱하기!

● 나눗셈 이용하기 ●

$$\begin{array}{r} 2\,)\underline{20 \quad 30} \\ 5\,)\underline{10 \quad 15} \\ 2 \quad 3 \end{array}$$

$$\text{(최대공약수)} = 2 \times 5 = 10$$

○익힘북 4쪽

1 다음은 두 수 또는 세 수의 최대공약수를 소인수분해를 이용하여 구하는 과정이다. □ 안에 알맞은 수를 쓰시오.

(1) 16, 24

$$16 = 2^4$$
$$24 = \boxed{} \times 3$$
$$\text{(최대공약수)} = \boxed{} = \boxed{}$$

(2) 14, 42

$$14 = 2 \quad \times \boxed{}$$
$$42 = 2 \times \boxed{} \times 7$$
$$\text{(최대공약수)} = 2 \quad \times \boxed{} = \boxed{}$$

(3) 40, 60

$$40 = \boxed{} \times 5$$
$$60 = 2^2 \times \boxed{} \times \boxed{}$$
$$\text{(최대공약수)} = \boxed{} \times \boxed{} = \boxed{}$$

(4) 12, 48, 60

$$12 = 2^2 \times \boxed{}$$
$$48 = \boxed{} \times 3$$
$$60 = \boxed{} \times 3 \times 5$$
$$\text{(최대공약수)} = \boxed{} \times \boxed{} = \boxed{}$$

(5) 24, 54, 90

$$24 = \boxed{} \times 3$$
$$54 = \boxed{} \times 3^3$$
$$90 = 2 \times \boxed{} \times 5$$
$$\text{(최대공약수)} = \boxed{} \times \boxed{} = \boxed{}$$

(6) 32, 56, 72

$$32 = 2^5$$
$$56 = \boxed{} \times \boxed{}$$
$$72 = \boxed{} \times 3^2$$
$$\text{(최대공약수)} = \boxed{} = \boxed{}$$

2 다음 수들의 최대공약수를 소인수의 곱으로 나타내시오.

(1)
$$2 \times 3^3$$
$$2^3 \times 3^2$$
최대공약수:

(2)
$$2^4 \times 3^2$$
$$2^2 \times 3^3 \times 5$$
최대공약수:

(3)
$$2 \times 3^2 \times 5^2$$
$$2^2 \times 3 \times 5$$
최대공약수:

(4)
$$2^4 \times 3$$
$$2^2 \times 3 \times 5$$
$$2^3 \times 3^3$$
최대공약수:

(5)
$$2 \times 3^2$$
$$2^2 \times 3 \times 5^2$$
$$3^2 \times 5 \times 7$$
최대공약수:

(6)
$$2^2 \times 3 \times 5^2$$
$$2^2 \times 3^3 \times 5$$
$$2^3 \times 3^2 \qquad \times 7$$
최대공약수:

3 소인수분해를 이용하여 다음 수들의 최대공약수를 구하시오.

(1) 18, 45 _____

(2) 24, 32 _____

(3) 60, 72 _____

(4) 12, 28, 36 _____

(5) 20, 32, 64 _____

(6) 36, 48, 96 _____

공배수와 최소공배수

▶ 정답과 해설 4쪽

4와 6의 공배수와 최소공배수를 각각 구하시오.

4, 6 ──배수는?── 4의 배수: 4, 8, 12, 16, 20, 24, ... ──→ 공배수: 12, 24, ...

6의 배수: 6, 12, 18, 24, 30, ... 최소공배수: 12

두 수의 공배수는 최소공배수 12의 배수

⊙익힘북 5쪽

1 다음 주어진 두 자연수의 배수, 공배수, 최소공배수를 구하시오.

(1) 3, 4

3의 배수 : _____

4의 배수 : _____

3과 4의 공배수 : _____

3과 4의 최소공배수 : _____

(2) 8, 12

8의 배수 : _____

12의 배수 : _____

8과 12의 공배수 : _____

8과 12의 최소공배수 : _____

(3) 10, 15

10의 배수 : _____

15의 배수 : _____

10과 15의 공배수 : _____

10과 15의 최소공배수 : _____

2 다음 두 자연수의 최소공배수를 이용하여 두 자연수의 공배수를 작은 수부터 차례로 3개만 구하시오.

(1) 4와 8의 최소공배수: 8

➡ 4와 8의 공배수 : _____

(2) 6과 15의 최소공배수: 30

➡ 6과 15의 공배수 : _____

(3) 12와 20의 최소공배수: 60

➡ 12와 20의 공배수 : _____

(4) ●와 ▲의 최소공배수: 15

➡ ●와 ▲의 공배수 : _____

(5) ■와 ◆의 최소공배수: 24

➡ ■와 ◆의 공배수 : _____

최소공배수 구하기

▶ 정답과 해설 4쪽

소인수분해를 이용하여 20과 30의 최소공배수를 구하시오.

$$20 = 2^2 \quad\quad \times 5$$
$$30 = 2 \times 3 \times 5$$
$$\text{(최소공배수)} = 2^2 \times 3 \times 5 = 60$$

공통인 소인수와 공통이 아닌 소인수 모두 곱하기!

지수가 다르면 큰 것   공통이 아닌 소인수도   지수가 같으면 그대로

● 나눗셈 이용하기 ●

$$\begin{array}{r}2)\underline{20 \quad 30}\\ 5)\underline{10 \quad 15}\\ 2 \quad 3\end{array}$$

$$\text{(최소공배수)} = 2 \times 5 \times 2 \times 3 = 60$$

○ 익힘북 5쪽

1 다음은 두 수 또는 세 수의 최소공배수를 소인수분해를 이용하여 구하는 과정이다. □ 안에 알맞은 수를 쓰시오.

(1) 12, 16

$$12 = 2^2 \times 3$$
$$16 = 2^4$$
$$\text{(최소공배수)} = \boxed{} \times 3 = \boxed{}$$

(2) 14, 21

$$14 = \boxed{} \quad \times 7$$
$$21 = \quad 3 \times \boxed{}$$
$$\text{(최소공배수)} = \boxed{} \times 3 \times \boxed{} = \boxed{}$$

(3) 36, 60

$$36 = \boxed{} \times 3^2$$
$$60 = 2^2 \times \boxed{} \times 5$$
$$\text{(최소공배수)} = \boxed{} \times \boxed{} \times 5 = \boxed{}$$

(4) 12, 24, 42

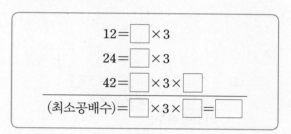

$$12 = \boxed{} \times 3$$
$$24 = \boxed{} \times 3$$
$$42 = \boxed{} \times 3 \times \boxed{}$$
$$\text{(최소공배수)} = \boxed{} \times 3 \times \boxed{} = \boxed{}$$

(5) 18, 54, 60

$$18 = 2 \times \boxed{}$$
$$54 = \boxed{} \times \boxed{}$$
$$60 = 2^2 \times \boxed{} \times 5$$
$$\text{(최소공배수)} = \boxed{} \times \boxed{} \times 5 = \boxed{}$$

(6) 28, 35, 70

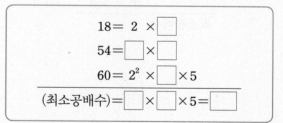

$$28 = \boxed{} \quad \times 7$$
$$35 = \quad \boxed{} \times \boxed{}$$
$$70 = \boxed{} \times \boxed{} \times 7$$
$$\text{(최소공배수)} = \boxed{} \times \boxed{} \times 7 = \boxed{}$$

2 다음 수들의 최소공배수를 소인수의 곱으로 나타내시오.

(1)
$$2^2$$
$$2 \times 5$$
최소공배수:

(2)
$$2^3 \times 3^2$$
$$2^2 \quad \times 5$$
최소공배수:

(3)
$$3^2 \times 5 \times 7$$
$$2^2 \times 3 \times 5$$
최소공배수:

(4)
$$2^2$$
$$2 \times 5$$
$$2^2 \quad \times 7$$
최소공배수:

(5)
$$2 \times 3^2$$
$$3 \times 5^2$$
$$2^2 \times 3 \times 5$$
최소공배수:

(6)
$$2^3 \quad \times 7$$
$$2^2 \times 3^3 \times 7$$
$$2^3 \times 3^2 \times 7$$
최소공배수:

3 소인수분해를 이용하여 다음 수들의 최소공배수를 구하시오.

(1) 10, 14 _____

(2) 24, 32 _____

(3) 45, 60 _____

(4) 6, 15, 18 _____

(5) 12, 30, 36 _____

(6) 14, 35, 42 _____

1 다음 수의 약수를 모두 구하고, 주어진 수를 소수와 합성수로 구분하시오.

수	약수	소수/합성수
5		
12		
43		
51		

2 다음 수를 거듭제곱을 사용하여 나타내시오.

(1) $11 \times 11 \times 11 \times 11$ _____

(2) $7 \times 2 \times 11 \times 2 \times 2 \times 7$ _____

(3) $\dfrac{1}{5} \times \dfrac{1}{5} \times \dfrac{1}{5} \times \dfrac{1}{13} \times \dfrac{1}{13}$ _____

(4) $\dfrac{1}{2 \times 3 \times 3 \times 11 \times 2}$ _____

3 다음 수를 소인수분해하고, 소인수를 모두 구하시오.

(1) $72 =$ _____

　➡ 소인수: _____

(2) $150 =$ _____

　➡ 소인수: _____

4 다음 수를 소인수분해하고, 이를 이용하여 주어진 수의 약수를 모두 구하시오.

(1) $81 =$ _____

　➡ 81의 약수: _____

(2) $100 =$ _____

　➡ 100의 약수: _____

5 다음 수의 약수는 모두 몇 개인지 구하시오.

(1) $3^3 \times 11$ _____

(2) 54 _____

(3) 140 _____

6 다음 중 두 수가 서로소인 것은 ○표, 서로소가 아닌 것은 ×표를 ( ) 안에 쓰시오.

(1) 9, 10 　(　)　 (2) 17, 34 　(　)

(3) 27, 32 　(　)　 (4) 35, 49 　(　)

7 소인수분해를 이용하여 다음 수들의 최대공약수를 구하시오.

(1) 24, 36 _____

(2) 28, 32, 40 _____

(3) 30, 45, 75 _____

8 소인수분해를 이용하여 다음 수들의 최소공배수를 구하시오.

(1) 28, 49 _____

(2) 10, 15, 22 _____

(3) 18, 20, 30 _____

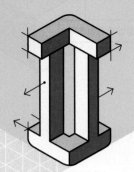

정수와 유리수

정수와 유리수
정수와 유리수의 덧셈과 뺄셈
정수와 유리수의 곱셈과 나눗셈

Ⅱ·1 정수와 유리수

❶ 양수와 음수

(1) **부호를 가진 수**: 서로 반대되는 성질의 두 수량을 나타낼 때, 어떤 기준을 중심으로 한쪽 수량에는 양의 부호(+)를, 다른 쪽 수량에는 음의 부호(−)를 붙여 나타낸다.

(2) **양수와 음수** → 0은 양수도 아니고 음수도 아니야!

　① 양수: 0보다 큰 수로 양의 부호 +를 붙인 수

　② 음수: 0보다 작은 수로 음의 부호 −를 붙인 수

　⑩ 0보다 2만큼 큰 수: +2, 0보다 3만큼 작은 수: −3
　　　　　　　　　　　　　양수　　　　　　　　　　　음수

* 영상 2 ℃를 +2 ℃로 나타내면
　➡ 영하 3 ℃는 ❶ ℃
* 5명 감소를 −5명으로 나타내면
　➡ 4명 증가는 ❷ 명

❷ 정수와 유리수

→ + 부호를 생략하기도 하니까 양의 정수는 자연수와 같아.

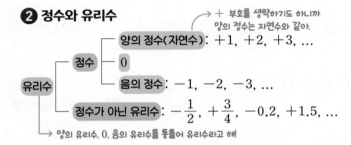

유리수 ┬ 정수 ┬ 양의 정수(자연수): +1, +2, +3, …
　　　　│　　 ├ 0
　　　　│　　 └ 음의 정수: −1, −2, −3, …
　　　　└ 정수가 아닌 유리수: $-\frac{1}{2}$, $+\frac{3}{4}$, −0.2, +1.5, …

→ 양의 유리수, 0, 음의 유리수를 통틀어 유리수라고 해!

❸ 수직선과 절댓값

(1) **수직선**: 직선 위에 수 0에 대응하는 원점 O 를 기준으로 일정한 간격으로 점을 잡아 오른쪽 점에 양의 정수, 왼쪽 점에 음의 정수 를 차례로 대응시킨 것

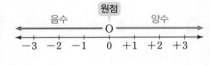

(2) **절댓값**: 수직선 위에서 원점과 어떤 수에 대응하는 점 사이의 거리
　➡ 기호 | |를 사용하여 나타낸다.　　항상 0 또는 양수!
　⑩ |+3|=3, |−3|=3, |0|=0

* +2의 절댓값
　➡ |+2|= ❸
* −2의 절댓값
　➡ |−2|= ❹

❹ 수의 대소 관계

(1) (음수) < 0 < (양수)

(2) 양수끼리는 절댓값이 큰 수가 크다.

(3) 음수끼리는 절댓값이 큰 수가 작다.

오른쪽에 있는 수일수록 크다.

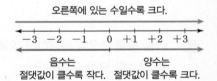

음수는 절댓값이 클수록 작다.　양수는 절댓값이 클수록 크다.

* +3과 +6의 대소 관계
　➡ +3 ❺ +6
* −3과 −6의 대소 관계
　➡ −3 ❻ −6

❺ 부등호의 사용

→ > 또는 =　　　→ < 또는 =

$x>a$	$x<a$	$x \geq a$	$x \leq a$
x는 a보다 크다. x는 a 초과이다.	x는 a보다 작다. x는 a 미만이다.	x는 a보다 크거나 같다. x는 a보다 작지 않다. x는 a 이상이다.	x는 a보다 작거나 같다. x는 a보다 크지 않다. x는 a 이하이다.

❶ 수의 덧셈

(1) 부호가 같은 두 수의 덧셈: 두 수의 절댓값의 합에 공통인 부호를 붙인다.

(2) 부호가 다른 두 수의 덧셈: 두 수의 절댓값의 차에 절댓값 큰 수의 부호를 붙인다.

(3) 덧셈의 계산 법칙: 세 수 a, b, c에 대하여

　① 덧셈의 교환법칙: $a+b=b+a$

　② 덧셈의 결합법칙: $(a+b)+c=a+(b+c)$

- $(+5)+(+2)=+(5+2)$
  　$=$ ❼ ⬚
- $(-5)+(-2)=-(5+2)$
  　$=$ ❽ ⬚
- $(+5)+(-2)=+(5-2)$
  　$=$ ❾ ⬚
- $(-5)+(+2)=-(5-2)$
  　$=$ ❿ ⬚

❷ 수의 뺄셈

두 수의 뺄셈은 빼는 수의 부호를 바꾸어 덧셈으로 고쳐서 계산한다.

예 $(+5)-(+2)=(+5)+(-2)=+(5-2)=+3$

　　　　　　　　빼는 수의 부호를 바꾸어 덧셈으로!

주의 뺄셈에서는 교환법칙과 결합법칙이 성립하지 않는다.

---

❶ 수의 곱셈

(1) 부호가 같은 두 수의 곱셈: 두 수의 절댓값의 곱에 양의 부호 $+$를 붙인다.

(2) 부호가 다른 두 수의 곱셈: 두 수의 절댓값의 곱에 음의 부호 $-$를 붙인다.

참고 어떤 수와 0의 곱은 항상 0이다.

(3) 곱셈의 계산 법칙: 세 수 a, b, c에 대하여

　① 곱셈의 교환법칙: $a\times b=b\times a$

　② 곱셈의 결합법칙: $(a\times b)\times c=a\times (b\times c)$

(4) 분배법칙: 세 수 a, b, c에 대하여

　① $a\times(b+c)=a\times b+a\times c$　　② $(a+b)\times c=a\times c+b\times c$

- $(+5)\times(+2)=+(5\times2)$
  　$=$ ⓫ ⬚
- $(-5)\times(-2)=+(5\times2)$
  　$=$ ⓬ ⬚
- $(+5)\times(-2)=-(5\times2)$
  　$=$ ⓭ ⬚
- $(-5)\times(+2)=-(5\times2)$
  　$=$ ⓮ ⬚

❷ 수의 나눗셈

(1) 부호가 같은 두 수의 나눗셈

두 수의 절댓값의 나눗셈의 몫에 양의 부호 $+$를 붙인다.

(2) 부호가 다른 두 수의 나눗셈

두 수의 절댓값의 나눗셈의 몫에 음의 부호 $-$를 붙인다.

참고 0을 0이 아닌 수로 나누면 그 몫은 항상 0이다.

　→ 어떤 수를 0으로 나누는 경우는 생각하지 않아

주의 나눗셈에서는 교환법칙과 결합법칙이 성립하지 않는다.

(3) 역수를 이용한 수의 나눗셈

　① **역수**: 두 수의 곱이 1이 될 때, 한 수를 다른 수의 역수라 한다.

　　　→ 0에 어떤 수를 곱해도 1이 될 수 없으니까 0의 역수는 없어!

　　예 $\dfrac{5}{2}$의 역수는 $\dfrac{2}{5}$, -3의 역수는 $-\dfrac{1}{3}$

　　주의 역수를 구할 때, 부호를 바꾸지 않도록 주의한다.

　② 두 수의 나눗셈은 나누는 수를 그 수의 역수로 바꾸어 곱셈으로 고쳐서 계산한다.

정답

❶ -3　❷ $+4$　❸ 2　❹ 2
❺ $<$　❻ $>$　❼ $+7$　❽ -7
❾ $+3$　❿ -3　⓫ $+10$　⓬ $+10$
⓭ -10　⓮ -10

양수와 음수

▶정답과 해설 6쪽

다음을 부호 + 또는 −를 사용하여 나타내시오.

(1) 2 kg 증가 ➡ +2 kg
　　반대되는 성질 ↕ 　　↕ 부호 반대
　　3 kg 감소 ➡ −3 kg

(2) 500원 손해 ➡ −500원
　　반대되는 성질 ↕ 　　↕ 부호 반대
　　1000원 이익 ➡ +1000원

다음 수를 부호 + 또는 −를 사용하여 나타내고, 양수와 음수로 구분하시오.

(1) 0보다 5만큼 큰 수
　　0보다 크면 +
　　+가 붙으면 양수 ➡ +5, 양수

(2) 0보다 $\frac{1}{3}$만큼 작은 수
　　0보다 작으면 −
　　−가 붙으면 음수 ➡ $-\frac{1}{3}$, 음수

○익힘북 6쪽

1 부호 + 또는 −를 사용하여 다음 □ 안에 알맞은 수를 쓰시오.

(1) 6점 실점을 −6점으로 나타내면
　　4점 득점은 □점으로 나타낼 수 있다.

(2) 10년 후를 +10년으로 나타내면
　　10년 전은 □년으로 나타낼 수 있다.

(3) 30 % 인상을 +30 %로 나타내면
　　50 % 인하는 □%로 나타낼 수 있다.

2 다음을 부호 + 또는 −를 사용하여 나타내시오.

(1) 지상 3층 ➡ +3층
　　지하 2층 ➡ _____

(2) 지출 3000원 ➡ −3000원
　　수입 7000원 ➡ _____

(3) 해저 1800 m ➡ −1800 m
　　해발 2200 m ➡ _____

3 다음 수를 부호 + 또는 −를 사용하여 나타내고, 양수와 음수로 구분하시오.

(1) 0보다 1만큼 큰 수 _____

(2) 0보다 4만큼 작은 수 _____

(3) 0보다 1.5만큼 작은 수 _____

(4) 0보다 $\frac{1}{6}$만큼 큰 수 _____

(5) 0보다 $\frac{2}{3}$만큼 작은 수 _____

4 다음 수를 보기에서 모두 고르시오.

보기
$-\frac{1}{9},\ +2,\ 0,\ -6,\ +\frac{7}{2},\ +10$

(1) 양수 _____

(2) 음수 _____

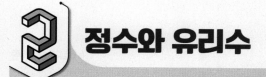

다음 수를 보기에서 모두 고르시오.

● 유리수의 분류 ●

$$
유리수
\begin{cases}
정수
\begin{cases}
양의 정수(자연수)\\
0\\
음의 정수
\end{cases}\\
정수가 아닌 유리수
\end{cases}
$$

보기

$$-\frac{1}{5}, \quad 0, \quad +3, \quad -\frac{4}{2}, \quad \frac{2}{3}, \quad -0.5$$

(1) 정수 ──양의 정수, 0, 음의 정수──→ $+3, 0, -\frac{4}{2}(=-2)$ ←분수는 약분해 보기!

(2) 유리수 ──양의 유리수, 0, 음의 유리수──→ $+3\left(=+\frac{3}{1}\right), \frac{2}{3}, 0, -\frac{1}{5}, -\frac{4}{2}, -0.5\left(=-\frac{1}{2}\right)$

모든 정수는 유리수!   모든 소수는 유리수!

(3) 정수가 아닌 유리수 ──→ $\frac{2}{3}, -\frac{1}{5}, -0.5$

○익힘북 6쪽

1 다음 수를 보기에서 모두 고르시오.

보기

$$-\frac{5}{9}, \quad +7.2, \quad -4, \quad 0, \quad +\frac{6}{6}, \quad -\frac{2}{13}, \quad 9$$

(1) 양의 정수 _____

(2) 정수 _____

(3) 음의 유리수 _____

(4) 양의 유리수 _____

(5) 정수가 아닌 유리수 _____

2 다음 표에서 주어진 수가 각각 정수, 유리수, 양수, 음수에 해당하는 것은 ○표, 해당하지 <u>않는</u> 것은 ×표를 하시오.

수	-5	0	$+\frac{9}{3}$	$-\frac{8}{5}$	$+0.3$	$+\frac{1}{4}$
정수						
유리수						
양수						
음수						

3 다음 설명 중 옳은 것은 ○표, 옳지 <u>않은</u> 것은 ×표를 ( ) 안에 쓰시오.

(1) 모든 자연수는 정수이다. ( )

(2) 정수는 양의 정수와 음의 정수로 이루어져 있다. ( )

(3) 음수는 음의 부호를 생략하여 나타낼 수 있다. ( )

(4) 0은 양수도 아니고 음수도 아니다. ( )

(5) 모든 정수는 유리수이다. ( )

(6) 유리수는 양의 유리수, 0, 음의 유리수로 이루어져 있다. ( )

수직선

▶ 정답과 해설 6쪽

다음 수직선 위의 세 점 A, B, C에 대응하는 수를 각각 말하시오.

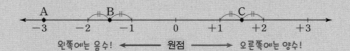

(1) 점 A에 대응하는 수 ➡ 점 A는 원점에서 **왼쪽**으로 3만큼 이동한 것 ➡ A: -3

(2) 점 B에 대응하는 수 ➡ 점 B는 원점에서 **왼쪽**으로 1만큼 이동한 후 $\frac{1}{2}$만큼 더 이동한 것 ➡ B: $-\frac{3}{2}$

(3) 점 C에 대응하는 수 ➡ 점 C는 원점에서 **오른쪽**으로 1만큼 이동한 후 $\frac{1}{2}$만큼 더 이동한 것 ➡ C: $+\frac{3}{2}$

○익힘북 7쪽

1 다음 수직선 위의 두 점 A, B에 대응하는 수를 각각 말하시오.

(1)
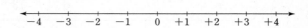

_____

(2)
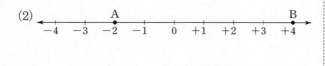

_____

(3)
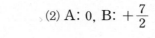

_____

(4)
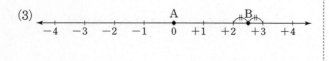

_____

2 다음 수에 대응하는 점을 각각 수직선 위에 나타내시오.

(1) A: -4, B: $+3$

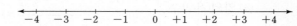

(2) A: 0, B: $+\frac{7}{2}$

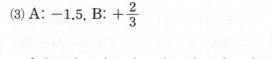

(3) A: -1.5, B: $+\frac{2}{3}$

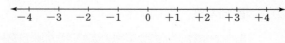

(4) A: $-\frac{7}{2}$, B: $+0.5$

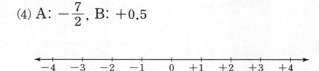

4 절댓값

다음을 기호를 사용하여 나타내고, 그 값을 구하시오.

(1) +3의 절댓값 ➡ |+3|=3

원점으로부터 +3에 대응하는 점까지의 거리

(2) −3의 절댓값 ➡ |−3|=3

원점으로부터 −3에 대응하는 점까지의 거리

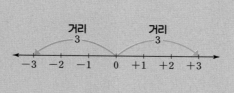

기억하자

어떤 수의 절댓값은 그 수에서 +, − 부호를 떼어 낸 수와 같아.

+3
−3 ➡ 절댓값은 3

○익힘북 7쪽

1
다음 수의 절댓값을 기호를 사용하여 나타내고, 그 값을 구하시오.

(1) +7　　➡ |+7|= ☐

(2) −12　➡ ＿＿＿＿＿

(3) 0　　➡ ＿＿＿＿＿

(4) −1.5　➡ ＿＿＿＿＿

(5) $+\dfrac{7}{5}$　➡ ＿＿＿＿＿

2
다음을 구하시오.

(1) |+4|　　　　＿＿＿＿＿

(2) |−11|　　　＿＿＿＿＿

(3) |−2.3|　　　＿＿＿＿＿

(4) $\left|+\dfrac{1}{6}\right|$　　　＿＿＿＿＿

(5) $\left|-\dfrac{4}{5}\right|$　　　＿＿＿＿＿

3
수직선 위에서 원점과의 거리가 다음과 같은 점에 대응하는 두 수를 ☐ 안에 쓰시오.

(1) 2

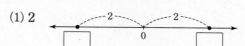

(2) 5

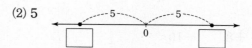

(3) $\dfrac{5}{2}$

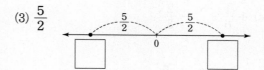

4
다음을 구하시오.

(1) 절댓값이 8인 수　　　＿＿＿＿＿

(2) 절댓값이 $\dfrac{3}{4}$인 수　　＿＿＿＿＿

(3) 절댓값이 9인 양수　　＿＿＿＿＿

(4) 절댓값이 1.6인 음수　＿＿＿＿＿

수의 대소 관계

▶정답과 해설 7쪽

다음 두 수의 대소 관계를 부등호 >, <를 사용하여 나타내시오.

(1) -5, $+2$ $\xrightarrow{\text{(음수)} < 0 < \text{(양수)}}$ $-5 < +2$

(2) $+2$, $+5$ $\xrightarrow{\text{절댓값이 큰 수가 크다.}}$ $+2 < +5$

(3) -2, -5 $\xrightarrow{\text{절댓값이 큰 수가 작다.}}$ $-2 > -5$

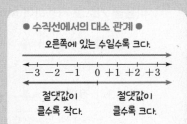

● 수직선에서의 대소 관계 ●
오른쪽에 있는 수일수록 크다.

절댓값이 클수록 작다. 절댓값이 클수록 크다.

◉익힘북 8쪽

양수, 0, 음수의 대소 관계

1 다음 ◯ 안에 부등호 >, < 중 알맞은 것을 쓰시오.

(1) $-3 \bigcirc 0$

(2) $+1 \bigcirc 0$

(3) $+8 \bigcirc -10$

(4) $+\dfrac{1}{6} \bigcirc -\dfrac{2}{3}$

(5) $-2.4 \bigcirc +\dfrac{5}{2}$

두 양수의 대소 관계

2 다음 ◯ 안에는 부등호 >, < 중 알맞은 것을, □ 안에는 알맞은 수를 쓰시오.

(1) $+4 \bigcirc +6$

(2) $+4.8 \bigcirc +5$

(3) $+\dfrac{7}{3} \bigcirc +\dfrac{4}{3}$

(4) $+\dfrac{2}{3}$, $+\dfrac{3}{5}$ $\xrightarrow{\text{통분}}$ $+\dfrac{\square}{15}$, $+\dfrac{\square}{15}$ $\xrightarrow{\text{비교}}$ $+\dfrac{2}{3} \bigcirc +\dfrac{3}{5}$

(5) $+\dfrac{3}{2}$, $+1.7$ $\xrightarrow{\text{통분}}$ $+\dfrac{\square}{10}$, $+\dfrac{\square}{10}$ $\xrightarrow{\text{비교}}$ $+\dfrac{3}{2} \bigcirc +1.7$

두 음수의 대소 관계

3 다음 ◯ 안에는 부등호 >, < 중 알맞은 것을, □ 안에는 알맞은 수를 쓰시오.

(1) $-7 \bigcirc -9$

(2) $-3.4 \bigcirc -4$

(3) $-\dfrac{7}{9} \bigcirc -\dfrac{4}{9}$

(4) $-\dfrac{3}{4}$, $-\dfrac{2}{3}$ $\xrightarrow{\text{통분}}$ $-\dfrac{\square}{12}$, $-\dfrac{\square}{12}$ $\xrightarrow{\text{비교}}$ $-\dfrac{3}{4} \bigcirc -\dfrac{2}{3}$

(5) -0.6, $-\dfrac{4}{5}$ $\xrightarrow{\text{통분}}$ $-\dfrac{\square}{10}$, $-\dfrac{\square}{10}$ $\xrightarrow{\text{비교}}$ $-0.6 \bigcirc -\dfrac{4}{5}$

6 부등호의 사용

▶정답과 해설 7쪽

다음을 부등호를 사용하여 나타내시오.

(1) x는 2 초과이다. ➡ $x > 2$
=(보다 크다.)

(2) x는 2 미만이다. ➡ $x < 2$
=(보다 작다.)

(3) x는 2 이상이다. ➡ $x \geq 2$
=(보다 크거나 같다.)
=(보다 작지 않다.)

(4) x는 2 이하이다. ➡ $x \leq 2$
=(보다 작거나 같다.)
=(보다 크지 않다.)

익힘북 8쪽

1 다음 ◯ 안에 부등호 >, ≥, <, ≤ 중 알맞은 것을 쓰시오.

(1) x는 -5보다 작다.
➡ x ◯ -5

(2) x는 6보다 작지 않다.
➡ x ◯ 6

(3) x는 1.8 초과이다.
➡ x ◯ 1.8

(4) x는 -1보다 크거나 같고 / 2보다 작다.
➡ -1 ◯ x ◯ 2

(5) x는 -9 이상이고 / 4 이하이다.
➡ -9 ◯ x ◯ 4

(6) x는 -3보다 크고 / $\frac{11}{2}$보다 크지 않다.
➡ -3 ◯ x ◯ $\frac{11}{2}$

2 다음을 부등호를 사용하여 나타내시오.

(1) x는 3 미만이다.
➡ ______________

(2) x는 -4보다 크지 않다.
➡ ______________

(3) x는 $\frac{8}{7}$보다 크거나 같다.
➡ ______________

(4) x는 -5 초과이고 / 2 미만이다.
➡ ______________

(5) x는 $-\frac{1}{2}$보다 크고 / $\frac{2}{3}$ 이하이다.
➡ ______________

(6) x는 -2보다 작지 않고 / 6보다 작다.
➡ ______________

수의 덧셈 (1) – 부호가 같은 두 수의 덧셈

▶ 정답과 해설 7쪽

수직선을 이용하여 다음을 계산하시오.

(1)
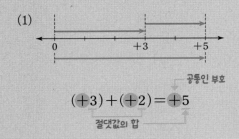

$(+3)+(+2)=+5$

공통인 부호

절댓값의 합

(2)
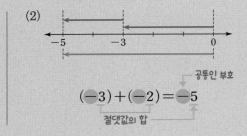

$(-3)+(-2)=-5$

공통인 부호

절댓값의 합

○익힘북 9쪽

1 수직선을 이용하여 다음 □ 안에 알맞은 수를 쓰시오.

(1)
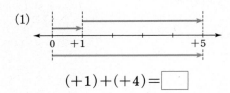

$(+1)+(+4)=\boxed{}$

(2)
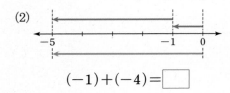

$(-1)+(-4)=\boxed{}$

2 다음 ○ 안에는 부호 +, − 중 알맞은 것을, □ 안에는 알맞은 수를 쓰시오.

(1) $(+3)+(+5)=\bigcirc(3+5)=\bigcirc\boxed{}$

(2) $(-8)+(-2)=\bigcirc(8+\boxed{})=\bigcirc\boxed{}$

(3) $\left(-\dfrac{3}{4}\right)+\left(-\dfrac{7}{4}\right)=\bigcirc\left(\boxed{}+\dfrac{7}{4}\right)$
$\qquad\qquad\qquad=\bigcirc\boxed{}$

(4) $\left(+\dfrac{5}{8}\right)+\left(+\dfrac{3}{4}\right)\xrightarrow{통분}=\bigcirc\left(\dfrac{5}{8}+\dfrac{\boxed{}}{8}\right)$
$\qquad\qquad\qquad=\bigcirc\boxed{}$

(5) $\left(-\dfrac{2}{5}\right)+\left(-\dfrac{2}{3}\right)\xrightarrow{통분}=\bigcirc\left(\dfrac{\boxed{}}{15}+\dfrac{10}{15}\right)$
$\qquad\qquad\qquad=\bigcirc\boxed{}$

3 다음을 계산하시오.

(1) $(+12)+(+7)$ _____

(2) $(-4)+(-5)$ _____

(3) $\left(+\dfrac{6}{5}\right)+\left(+\dfrac{2}{5}\right)$ _____

(4) $\left(-\dfrac{1}{3}\right)+\left(-\dfrac{3}{2}\right)$ _____

(5) $\left(+\dfrac{5}{4}\right)+\left(+\dfrac{1}{6}\right)$ _____

수의 덧셈 (2) – 부호가 다른 두 수의 덧셈

▶ 정답과 해설 7쪽

수직선을 이용하여 다음을 계산하시오.

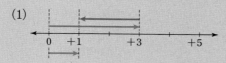

(1)
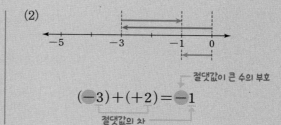

$(+3)+(-2)=+1$

절댓값이 큰 수의 부호

절댓값의 차

(2)

$(-3)+(+2)=-1$

절댓값이 큰 수의 부호

절댓값의 차

○익힘북 9쪽

1 수직선을 이용하여 다음 □ 안에 알맞은 수를 쓰시오.

(1)
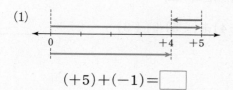

$(+5)+(-1)=$ □

(2)
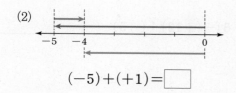

$(-5)+(+1)=$ □

2 다음 ○ 안에는 부호 +, − 중 알맞은 것을, □ 안에는 알맞은 수를 쓰시오.

(1) $(+9)+(-7)=\bigcirc(9-7)=\bigcirc\square$

(2) $(-11)+(+8)=\bigcirc(11-\square)=\bigcirc\square$

(3) $(-0.3)+(+0.8)=\bigcirc(0.8-\square)$
$=\bigcirc\square$

(4) $\left(+\dfrac{7}{5}\right)+\left(-\dfrac{3}{2}\right)\xrightarrow{\text{통분}}\left(+\dfrac{\square}{10}\right)+\left(-\dfrac{15}{10}\right)$
$=\bigcirc\left(\square-\square\right)$
$=\bigcirc\square$

(5) $\left(-\dfrac{5}{6}\right)+\left(+\dfrac{1}{2}\right)\xrightarrow{\text{통분}}\left(-\dfrac{5}{6}\right)+\left(+\dfrac{\square}{6}\right)$
$=\bigcirc\left(\square-\square\right)$
$=\bigcirc\square$

3 다음을 계산하시오.

(1) $(-8)+(+14)$ _____

(2) $(+1.7)+(-0.9)$ _____

(3) $\left(+\dfrac{2}{3}\right)+\left(-\dfrac{7}{3}\right)$ _____

(4) $\left(-\dfrac{2}{3}\right)+\left(+\dfrac{3}{4}\right)$ _____

(5) $\left(+\dfrac{1}{4}\right)+\left(-\dfrac{2}{5}\right)$ _____

9 덧셈의 계산 법칙

▶ 정답과 해설 7쪽

다음을 계산하시오.

$$(+3)+(-7)+(+4)$$

$$=(-7)+(+3)+(+4)$$

덧셈의 교환법칙:
계산하기 쉽게 순서를 바꾼다.

$$=(-7)+\{(+3)+(+4)\}$$

덧셈의 결합법칙:
계산하기 편한 것끼리 묶는다.

양수는 양수끼리!
음수는 음수끼리!

$$=(-7)+(+7)$$

$$=0$$

기억하자

- 덧셈의 교환법칙
  $$● + ▲ = ▲ + ●$$
- 덧셈의 결합법칙
  $$(● + ▲) + ■ = ● + (▲ + ■)$$

○ 익힘북 10쪽

1 다음 계산 과정에서 □ 안에 부호를 포함한 알맞은 수를 쓰고, ㈎, ㈏에 이용된 덧셈의 계산 법칙을 각각 쓰시오.

(1)
$$(-5)+(+7)+(-9)$$
$$=(+7)+(\boxed{})+(-9) \quad ㈎$$
$$=(+7)+\{(\boxed{})+(-9)\} \quad ㈏$$
$$=(+7)+(\boxed{})$$
$$=\boxed{}$$

_____

(2)
$$\left(+\dfrac{5}{6}\right)+\left(-\dfrac{1}{3}\right)+\left(+\dfrac{1}{6}\right)$$
$$=\left(+\dfrac{5}{6}\right)+\left(\boxed{}\right)+\left(-\dfrac{1}{3}\right) \quad ㈎$$
$$=\left\{\left(+\dfrac{5}{6}\right)+\left(\boxed{}\right)\right\}+\left(-\dfrac{1}{3}\right) \quad ㈏$$
$$=\left(\boxed{}\right)+\left(-\dfrac{1}{3}\right)$$
$$=\boxed{}$$

_____

2 다음을 계산하시오.

(1) $(+4)+(-5)+(+3)$ _____

(2) $(-6)+(+12)+(-5)$ _____

(3) $(+4.8)+(-3.7)+(+1.2)$ _____

(4) $\left(+\dfrac{1}{6}\right)+\left(-\dfrac{1}{12}\right)+\left(-\dfrac{1}{6}\right)$ _____

(5) $\left(-\dfrac{3}{10}\right)+\left(+\dfrac{2}{5}\right)+\left(+\dfrac{1}{10}\right)$ _____

 **수의 뺄셈**

▶ 정답과 해설 8쪽

다음을 계산하시오.

부호를 반대로!

(1) $(+2) \ominus (+3) = (+2) \oplus (-3) = -(3-2) = -1$

뺄셈을 덧셈으로!

● 두 수의 뺄셈 ●

· $\blacksquare \ominus (+\blacktriangle) = \blacksquare \oplus (-\blacktriangle)$
· $\blacksquare \ominus (-\blacktriangle) = \blacksquare \oplus (+\blacktriangle)$

부호를 반대로!

(2) $(+2) \ominus (-3) = (+2) \oplus (+3) = +(2+3) = +5$

뺄셈을 덧셈으로!

(어떤 수) − (양수)

◐ 익힘북 10쪽

1 다음 ◯ 안에는 부호 +, − 중 알맞은 것을, ☐ 안에는 알맞은 수를 쓰시오.

(1) $(+13) - (+5) = (+13) + (\bigcirc \square)$
$= \bigcirc (13 - \square)$
$= \bigcirc \square$

(2) $(-10) - (+6) = (-10) + (\bigcirc \square)$
$= \bigcirc (10 + \square)$
$= \bigcirc \square$

(3) $\left(+\dfrac{5}{6}\right) - \left(+\dfrac{1}{2}\right) = \left(+\dfrac{5}{6}\right) + \left(\bigcirc \dfrac{1}{2}\right)$
$= \left(+\dfrac{5}{6}\right) + \left(\bigcirc \dfrac{\square}{6}\right)$ 통분
$= \bigcirc \left(\dfrac{\square}{6} \bigcirc \dfrac{\square}{6}\right)$
$= \bigcirc \square$

(4) $\left(-\dfrac{1}{8}\right) - \left(+\dfrac{3}{4}\right) = \left(-\dfrac{1}{8}\right) + \left(\bigcirc \dfrac{3}{4}\right)$
$= \left(-\dfrac{1}{8}\right) + \left(\bigcirc \dfrac{\square}{8}\right)$ 통분
$= \bigcirc \left(\dfrac{\square}{8} \bigcirc \dfrac{\square}{8}\right)$
$= \bigcirc \square$

2 다음을 계산하시오.

(1) $(+6) - (+10)$ _____

(2) $(-3) - (+7)$ _____

(3) $(+2.8) - (+1.5)$ _____

(4) $\left(-\dfrac{3}{4}\right) - \left(+\dfrac{5}{4}\right)$ _____

(5) $\left(+\dfrac{2}{5}\right) - \left(+\dfrac{3}{2}\right)$ _____

(6) $\left(-\dfrac{2}{7}\right) - \left(+\dfrac{3}{4}\right)$ _____

3 다음 ○ 안에는 부호 +, − 중 알맞은 것을, □ 안에는 알맞은 수를 쓰시오.

(1) $(+7)-(-3)=(+7)+(\bigcirc\square)$
$=\bigcirc(7+\square)$
$=\bigcirc\square$

(2) $(-8)-(-6)=(-8)+(\bigcirc\square)$
$=\bigcirc(8-\square)$
$=\bigcirc\square$

(3) $\left(+\dfrac{5}{8}\right)-\left(-\dfrac{3}{2}\right)=\left(+\dfrac{5}{8}\right)+\left(\bigcirc\dfrac{3}{2}\right)$ 통분
$=\left(+\dfrac{5}{8}\right)+\left(\bigcirc\dfrac{\square}{8}\right)$
$=\bigcirc\left(\dfrac{\square}{8}\bigcirc\dfrac{\square}{8}\right)$
$=\bigcirc\square$

(4) $\left(-\dfrac{3}{10}\right)-\left(-\dfrac{1}{5}\right)=\left(-\dfrac{3}{10}\right)+\left(\bigcirc\dfrac{1}{5}\right)$ 통분
$=\left(-\dfrac{3}{10}\right)+\left(\bigcirc\dfrac{\square}{10}\right)$
$=\bigcirc\left(\dfrac{\square}{10}\bigcirc\dfrac{\square}{10}\right)$
$=\bigcirc\square$

4 다음을 계산하시오.

(1) $(+16)-(-10)$ _____

(2) $(-9)-(-4)$ _____

(3) $(+3.2)-(-2.4)$ _____

(4) $\left(-\dfrac{2}{3}\right)-\left(-\dfrac{5}{3}\right)$ _____

(5) $\left(+\dfrac{2}{5}\right)-\left(-\dfrac{7}{3}\right)$ _____

(6) $\left(-\dfrac{5}{2}\right)-\left(-\dfrac{9}{4}\right)$ _____

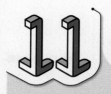

11 덧셈과 뺄셈의 혼합 계산

▶ 정답과 해설 9쪽

다음을 계산하시오.

$$(+4)+(-2)\!-\!(-3)=(+4)+(-2)\!+\!(+3)$$ ← ❶ 뺄셈을 덧셈으로 고치기

$$=\{(+4)+(+3)\}+(-2)$$ ← ❷ 적당한 수끼리 모아서 계산하기 (덧셈의 교환법칙, 덧셈의 결합법칙 이용)

$$=(+7)+(-2)$$

$$=+5$$

주의하자

뺄셈에서는 교환법칙과 결합법칙이 성립하지 않으므로 반드시 뺄셈을 덧셈으로 고친 후에 덧셈의 계산 법칙을 이용하자!

○익힘북 11쪽

---

1 다음 ○ 안에는 부호 +, − 중 알맞은 것을, □ 안에는 알맞은 수를 쓰시오.

(1) $(+7)+(-5)-(-9)$

$=(+7)+(-5)+(○□)$

$=\{(+7)+(○□)\}+(-5)$

$=(○□)+(-5)$

$=○□$

(2) $(-5)-(-2)+(-3)$

$=(-5)+(○□)+(-3)$

$=\{(-5)+(-3)\}+(○□)$

$=(-8)+(○□)$

$=○□$

(3) $\left(+\dfrac{3}{4}\right)-\left(+\dfrac{1}{4}\right)+\left(-\dfrac{5}{2}\right)$

$=\left(+\dfrac{3}{4}\right)+\left(○□\right)+\left(-\dfrac{5}{2}\right)$

$=\left\{\left(+\dfrac{3}{4}\right)+\left(○□\right)\right\}+\left(-\dfrac{5}{2}\right)$

$=\left(○□\right)+\left(-\dfrac{5}{2}\right)$

$=○□$

2 다음을 계산하시오.

(1) $(+6)+(-17)-(-3)$ _____

(2) $(-8)-(-4)+(+10)$ _____

(3) $(+2)-(-11)+(-2)$ _____

(4) $(-9)-(-5)+(+3)-(+2)$ _____

(5) $\left(-\dfrac{7}{5}\right)+\left(-\dfrac{3}{2}\right)-\left(-\dfrac{2}{5}\right)$ _____

(6) $\left(+\dfrac{5}{4}\right)+\left(-\dfrac{8}{3}\right)-\left(+\dfrac{1}{2}\right)-\left(-\dfrac{5}{3}\right)$ _____

12 부호가 생략된 수의 혼합 계산

다음을 계산하시오.

$$-4+5-6=(-4)+(+5)\ominus(+6)$$ ← ❶ ＋ 부호를 살려 괄호가 있는 식으로 나타내기

$$=(-4)+(+5)\oplus(-6)$$ ← ❷ 뺄셈을 덧셈으로 고치기

$$=\{(-4)+(-6)\}+(+5)$$ ← ❸ 적당한 수끼리 모아서 계산하기 (덧셈의 교환법칙, 덧셈의 결합법칙 이용)

$$=(-10)+(+5)$$

$$=-5$$

기억하자

부호가 생략된 수를 계산할 때는 먼저 생략된 ＋ 부호를 살려서 괄호가 있는 식으로 나타내자!

○익힘북 11쪽

1 다음 ○ 안에는 부호 ＋, － 중 알맞은 것을, □ 안에는 알맞은 수를 쓰시오.

(1) $-2-8$

$$=(-2)-(○□)$$

$$=(-2)+(○□)$$

$$=○□$$

(2) $-15+2-7$

$$=(-15)+(○2)-(○□)$$

$$=(-15)+(○2)+(○□)$$

$$=\{(-15)+(○□)\}+(○2)$$

$$=(○□)+(○2)$$

$$=○□$$

(3) $\dfrac{3}{4}-9+\dfrac{5}{4}$

$$=\left(+\dfrac{3}{4}\right)-(○□)+\left(+\dfrac{5}{4}\right)$$

$$=\left(+\dfrac{3}{4}\right)+(○□)+\left(+\dfrac{5}{4}\right)$$

$$=\left\{\left(+\dfrac{3}{4}\right)+\left(+\dfrac{5}{4}\right)\right\}+(○□)$$

$$=(○□)+(○□)$$

$$=○□$$

2 다음을 계산하시오.

(1) $2-3-7$ _____

(2) $5-9+3-6$ _____

(3) $1.3-4.2+3.6$ _____

(4) $-\dfrac{1}{3}+\dfrac{1}{6}-\dfrac{1}{2}$ _____

(5) $-3+\dfrac{5}{2}-\dfrac{3}{2}+2$ _____

(6) $\dfrac{1}{2}-\dfrac{2}{3}-\dfrac{3}{4}+\dfrac{5}{6}$ _____

 **수의 곱셈**

▶ 정답과 해설 10쪽

다음을 계산하시오.

같은 부호이면 ＋

(1) $(+3) \times (+2) = +(3 \times 2) = +6$

절댓값의 곱

(2) $(-3) \times (-2) = +(3 \times 2) = +6$

다른 부호이면 －

(3) $(+3) \times (-2) = -(3 \times 2) = -6$

절댓값의 곱

(4) $(-3) \times (+2) = -(3 \times 2) = -6$

○익힘북 12쪽

1 다음 ◯ 안에는 부호 ＋, － 중 알맞은 것을, ▢ 안에는 알맞은 수를 쓰시오.

(1) $(+2) \times (+5) = \bigcirc (2 \times 5)$
$= \bigcirc \square$

(2) $(-4) \times (-3) = \bigcirc (4 \times \square)$
$= \bigcirc \square$

(3) $\left(+\dfrac{3}{2}\right) \times \left(+\dfrac{4}{3}\right) = \bigcirc \left(\dfrac{3}{2} \times \square\right)$
$= \bigcirc \square$

(4) $(+8) \times (-4) = \bigcirc (8 \times 4)$
$= \bigcirc \square$

(5) $(-5) \times (+6) = \bigcirc (5 \times \square)$
$= \bigcirc \square$

(6) $\left(-\dfrac{8}{5}\right) \times \left(+\dfrac{3}{4}\right) = \bigcirc \left(\square \times \dfrac{3}{4}\right)$
$= \bigcirc \square$

2 다음을 계산하시오.

(1) $(+7) \times (+2)$

(2) $(-4) \times (-9)$

(3) $\left(-\dfrac{9}{2}\right) \times \left(-\dfrac{4}{15}\right)$

(4) $(-10) \times 0$

(5) $(+5) \times (-11)$

(6) $(-12) \times (+3)$

(7) $\left(+\dfrac{5}{12}\right) \times \left(-\dfrac{3}{4}\right)$

 **곱셈의 계산 법칙**

▶ 정답과 해설 10쪽

다음을 계산하시오.

$$\left(+\frac{4}{3}\right)\times(-5)\times\left(+\frac{3}{2}\right)$$

$$=(-5)\times\left(+\frac{4}{3}\right)\times\left(+\frac{3}{2}\right)$$

곱셈의 교환법칙:
계산하기 쉽게 순서를 바꾼다.

$$=(-5)\times\left\{\left(+\frac{4}{3}\right)\times\left(+\frac{3}{2}\right)\right\}$$

곱셈의 결합법칙:
계산하기 편한 것끼리 묶는다.

$$=(-5)\times(+2)$$

$$=-10$$

하자
- 곱셈의 교환법칙
  ● × ▲ = ▲ × ●
- 곱셈의 결합법칙
  (● × ▲) × ■ = ● × (▲ × ■)

○ 익힘북 12쪽

1 다음 계산 과정에서 □ 안에 부호를 포함한 알맞은 수를 쓰고, (가), (나)에 이용된 곱셈의 계산 법칙을 각각 쓰시오.

(1)
$$(+2)\times(-17)\times(-5)$$
$$=(+2)\times(\boxed{})\times(-17)$$ (가)
$$=\{(+2)\times(\boxed{})\}\times(-17)$$ (나)
$$=(\boxed{})\times(-17)$$
$$=\boxed{}$$

_____

(2)
$$\left(-\frac{5}{2}\right)\times\left(+\frac{7}{3}\right)\times\left(-\frac{4}{5}\right)$$
$$=\left(+\frac{7}{3}\right)\times\left(\boxed{}\right)\times\left(-\frac{4}{5}\right)$$ (가)
$$=\left(+\frac{7}{3}\right)\times\left\{\left(\boxed{}\right)\times\left(-\frac{4}{5}\right)\right\}$$ (나)
$$=\left(+\frac{7}{3}\right)\times\left(\boxed{}\right)$$
$$=\boxed{}$$

_____

2 다음을 계산하시오.

(1) $(+4)\times(-3)\times(+25)$ _____

(2) $(+5)\times(+4.9)\times(-2)$ _____

(3) $(-5)\times\left(-\frac{7}{3}\right)\times(+6)$ _____

(4) $(-2)\times\left(+\frac{1}{9}\right)\times\left(-\frac{7}{2}\right)$ _____

(5) $\left(+\frac{5}{6}\right)\times\left(-\frac{3}{4}\right)\times\left(-\frac{6}{5}\right)$ _____

16 세 수 이상의 곱셈

▶ 정답과 해설 10쪽

다음을 계산하시오.

(1) $(-4) \times (+3) \times (-2) = +(4 \times 3 \times 2) = +24$

음수가 짝수 개 ⟶ 절댓값의 곱

(2) $(-4) \times (-3) \times (-2) = -(4 \times 3 \times 2) = -24$

음수가 홀수 개 ⟶ 절댓값의 곱

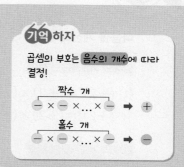

기억하자

곱셈의 부호는 음수의 개수에 따라 결정!

짝수 개
$- \times - \times \cdots \times - \ \Rightarrow \ +$

홀수 개
$- \times - \times \cdots \times - \ \Rightarrow \ -$

◐ 익힘북 13쪽

1 다음 ○ 안에는 부호 +, − 중 알맞은 것을, □ 안에는 알맞은 수를 쓰시오.

(1) $(+3) \times (-5) \times (-6)$
$= \bigcirc (3 \times 5 \times 6) = \bigcirc \square$

(2) $(+5) \times (-2) \times (+4)$
$= \bigcirc (5 \times 2 \times 4) = \bigcirc \square$

(3) $(-2) \times (-7) \times (+4)$
$= \bigcirc (2 \times 7 \times 4) = \bigcirc \square$

(4) $(-3) \times (-6) \times (-2)$
$= \bigcirc (3 \times 6 \times 2) = \bigcirc \square$

(5) $\left(-\dfrac{2}{5}\right) \times (+10) \times \left(-\dfrac{1}{3}\right)$
$= \bigcirc \left(\dfrac{2}{5} \times 10 \times \dfrac{1}{3}\right) = \bigcirc \square$

(6) $\left(-\dfrac{3}{5}\right) \times \left(-\dfrac{6}{5}\right) \times \left(-\dfrac{1}{6}\right)$
$= \bigcirc \left(\dfrac{3}{5} \times \dfrac{6}{5} \times \dfrac{1}{6}\right) = \bigcirc \square$

2 다음을 계산하시오.

(1) $(-3) \times (-3) \times (+4)$ _____

(2) $(+8) \times (-3) \times (+2)$ _____

(3) $(-1) \times (+9) \times (-3)$ _____

(4) $\left(-\dfrac{5}{4}\right) \times (-2) \times \left(-\dfrac{7}{2}\right)$ _____

(5) $\left(-\dfrac{2}{3}\right) \times \left(+\dfrac{3}{4}\right) \times \left(-\dfrac{2}{5}\right)$ _____

(6) $(-2) \times (+4) \times (-1) \times (-5)$ _____

거듭제곱의 계산

▶ 정답과 해설 11쪽

다음을 계산하시오.

양수의 거듭제곱의 부호

(1) $(+2)^2=(+2)\times(+2)=+(2\times2)=+4$
  $(+2)^3=(+2)\times(+2)\times(+2)=+(2\times2\times2)=+8$
  ← 항상 $+$

음수의 거듭제곱의 부호

(2) $(-2)^2=(-2)\times(-2)=+(2\times2)=+4$ ← 지수가 짝수이면 $+$
  $(-2)^3=(-2)\times(-2)\times(-2)=-(2\times2\times2)=-8$ ← 지수가 홀수이면 $-$

주의하자
$(-2)^2$과 -2^2을 혼동하지 않도록 주의해!
• $(-2)^2=(-2)\times(-2)=+4$
• $-2^2=-(2\times2)=-4$

○ 익힘북 13쪽

[1~4] 다음을 계산하시오.

1 (1) $(-3)^2=(-3)\times(-3)$ _____

(2) $-3^2=-(3\times3)$ _____

2 (1) $(-5)^3$ _____

(2) -5^3 _____

3 (1) $(-1)^{50}$ _____

(2) $(-1)^{99}$ _____

4 (1) $\left(-\dfrac{1}{3}\right)^2$ _____

(2) $\left(-\dfrac{1}{2}\right)^5$ _____

5 다음을 계산하시오.

(1) $(-2)^4\times(-3)=(\boxed{})\times(-3)=\boxed{}$

(2) $(-4)\times(-2)^5$ _____

(3) $5\times(-1)^7\times(-4)$ _____

(4) $(-2)^3\times\left(-\dfrac{3}{2}\right)^2$ _____

(5) $-2^2\times\left(-\dfrac{1}{2}\right)^3\times6$ _____

(6) $\left(-\dfrac{2}{3}\right)^3\times\left(-\dfrac{5}{4}\right)\times(-3)^3$ _____

분배법칙

분배법칙을 이용하여 다음을 계산하시오.

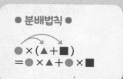

▶ 정답과 해설 11쪽

(1) $12 \times (100+3)$ ──괄호 풀기→ $\underset{①}{12 \times 100} + \underset{②}{12 \times 3} = 1200 + 36 = 1236$

● 분배법칙 ●

● × (▲ + ■)
= ● × ▲ + ● × ■

(2) $(-7) \times 93 + (-7) \times 7$ ──괄호 묶기→ $(-7) \times (93+7) = (-7) \times 100 = -700$

◆익힘북 14쪽

1 다음은 분배법칙을 이용하여 계산하는 과정이다.
□ 안에 알맞은 수를 쓰시오.

(1) $25 \times (100+3)$

$= \boxed{} \times 100 + 25 \times 3$

$= \boxed{} + 75$

$= \boxed{}$

(2) $(100-4) \times 15$

$= \{100+(-4)\} \times 15$

$= 100 \times 15 + (-4) \times \boxed{}$

$= 1500 + (\boxed{})$

$= \boxed{}$

(3) $17 \times 3 + 17 \times 7$

$= \boxed{} \times (3+7)$

$= \boxed{} \times 10$

$= \boxed{}$

(4) $96 \times 3.14 + 4 \times 3.14$

$= (96+4) \times \boxed{}$

$= 100 \times \boxed{}$

$= \boxed{}$

2 분배법칙을 이용하여 다음을 계산하시오.

(1) $(-5) \times (100+2)$ _____

(2) $(-35) \times \left\{ \dfrac{1}{7} + \left(-\dfrac{3}{5}\right) \right\}$ _____

(3) $(100-5) \times 17$ _____

(4) $(-23) \times 64 + (-23) \times 36$ _____

(5) $16 \times \left(-\dfrac{7}{3}\right) + 2 \times \left(-\dfrac{7}{3}\right)$ _____

(6) $8.9 \times 5 - 1.1 \times 5$ _____

다음을 계산하시오.

같은 부호이면 +

$$(1)\ (+8)\div(+4)=+(8\div4)=+2$$

절댓값의 나눗셈의 몫

$$(2)\ (-8)\div(-4)=+(8\div4)=+2$$

다른 부호이면 −

$$(3)\ (+8)\div(-4)=-(8\div4)=-2$$

절댓값의 나눗셈의 몫

$$(4)\ (-8)\div(+4)=-(8\div4)=-2$$

○익힘북 14쪽

1 다음 ○ 안에는 부호 +, − 중 알맞은 것을, □ 안에는 알맞은 수를 쓰시오.

(1) $(+12)\div(+4)=\bigcirc(12\div4)$
      $=\bigcirc\square$

(2) $(-20)\div(-5)=\bigcirc(20\div\square)$
      $=\bigcirc\square$

(3) $(+36)\div(-6)=\bigcirc(36\div\square)$
      $=\bigcirc\square$

(4) $(-16)\div(+2)=\bigcirc(16\div2)$
      $=\bigcirc\square$

(5) $(-5.6)\div(-7)=\bigcirc(5.6\div\square)$
      $=\bigcirc\square$

(6) $(+7.2)\div(-0.8)=\bigcirc(7.2\div\square)$
      $=\bigcirc\square$

2 다음을 계산하시오.

(1) $(+42)\div(+3)$ _____

(2) $(-24)\div(-12)$ _____

(3) $0\div(-8)$ _____

(4) $(-4)\div(+4)$ _____

(5) $(+45)\div(-5)$ _____

(6) $(-8.1)\div(-9)$ _____

(7) $(-3.4)\div(+1.7)$ _____

19 역수를 이용한 수의 나눗셈

다음을 계산하시오.

$$(+4) \div \left(-\frac{2}{3}\right) = (+4) \times \left(-\frac{3}{2}\right) = -\left(4 \times \frac{3}{2}\right) = -6$$

나눗셈을 곱셈으로

역수
부호는 바뀌지 않아. 주의해!

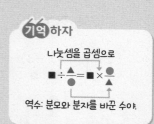

기억하자

나눗셈을 곱셈으로

■ ÷ ▲ = ■ × ●

역수: 분모와 분자를 바꾼 수야.

○익힘북 15쪽

1 다음 수의 역수를 구할 때, □ 안에 알맞은 수를 쓰시오.

우린 서로의 역수!

(1) $\frac{7}{2} \times$ (역수) $= 1$ → $\frac{7}{2} \times \boxed{} = 1$

$\frac{7}{2}$의 역수: $\boxed{}$

(2) $-\frac{4}{5}$ 부호는 그대로! $\left(-\frac{4}{5}\right) \times \left(\boxed{}\right) = 1$

$-\frac{4}{5}$의 역수: $\boxed{}$

(3) 3 분모는 1로! $\frac{3}{1} \times \boxed{} = 1$

3의 역수: $\boxed{}$

(4) $2\frac{1}{3}$ 대분수는 가분수로! $\frac{7}{3} \times \boxed{} = 1$

$2\frac{1}{3}$의 역수: $\boxed{}$

(5) 1.2 소수는 분수로! $\frac{6}{5} \times \boxed{} = 1$

1.2의 역수: $\boxed{}$

2 다음을 계산하시오.

(1) $(-6) \div \left(+\frac{2}{5}\right) = (-6) \times \left(\boxed{}\right)$

$\qquad = -\left(6 \times \boxed{}\right) = \boxed{}$

(2) $\left(-\frac{3}{2}\right) \div \left(-\frac{9}{4}\right)$ _____

(3) $\left(+\frac{3}{8}\right) \div \left(-\frac{5}{4}\right)$ _____

(4) $\left(-\frac{12}{5}\right) \div \left(+\frac{3}{10}\right)$ _____

(5) $\left(+\frac{4}{3}\right) \div (+4)$ _____

(6) $\left(+\frac{7}{2}\right) \div (-1.4)$ _____

20 덧셈, 뺄셈, 곱셈, 나눗셈의 혼합 계산

다음을 계산하시오.

$$2-\left[\{4\times(-3)^2+4\}\div\frac{5}{3}\right]=2-\left\{(4\times9+4)\div\frac{5}{3}\right\}$$

$$=2-\left\{(36+4)\div\frac{5}{3}\right\}$$

$$=2-\left(40\div\frac{5}{3}\right)$$ 역수를 이용한 나눗셈 (나눗셈을 곱셈으로)

$$=2-\left(40\times\frac{3}{5}\right)$$

$$=2-24$$

$$=-22$$

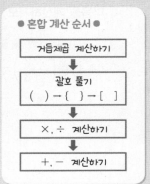

● 혼합 계산 순서 ●

거듭제곱 계산하기

↓

괄호 풀기 ( ) → { } → [ ]

↓

×, ÷ 계산하기

↓

+, − 계산하기

○익힘북 15쪽

곱셈, 나눗셈의 혼합 계산

1 다음을 계산하시오.

(1) $\dfrac{5}{6}\div\left(-\dfrac{2}{9}\right)\times\dfrac{3}{5}=\dfrac{5}{6}\times\left(\boxed{}\right)\times\dfrac{3}{5}$

$$=-\left(\dfrac{5}{6}\times\boxed{}\times\dfrac{3}{5}\right)=\boxed{}$$

(2) $(-2)\times\left(-\dfrac{1}{4}\right)\div\dfrac{8}{3}$ _____

(3) $\left(-\dfrac{4}{5}\right)\div\left(-\dfrac{2}{7}\right)\times(-20)$ _____

(4) $\left(-\dfrac{2}{3}\right)\times\dfrac{15}{4}\div10$ _____

(5) $(-24)\div\dfrac{8}{3}\times\left(-\dfrac{1}{2}\right)^3$ _____

(6) $\dfrac{3}{4}\times\left(-\dfrac{2}{3}\right)^2\div\left(-\dfrac{5}{6}\right)$ _____

덧셈, 뺄셈, 곱셈, 나눗셈의 혼합 계산

2 다음을 계산하시오.

(1) $10+(-7)\times3$ _____

(2) $72\div(-8)-35$ _____

(3) $2-24\div(-6)\times3$ _____

(4) $-5+(-24)\div(-3)\times2$ _____

(5) $5\times(-4)+45\div(-9)$ _____

(6) $56\div(-8)-3^2\times2$ _____

(7) $28-(-2)^3\div4\times(-3)$ _____

3 다음을 계산하시오.

(1) $6-3\times\{(-2)-(-4)\}$ _____

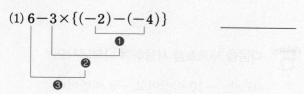

(2) $7-\{(-9)+5\}\div(-2)$ _____

(3) $(-4)+(-3)\times\{(-2)^2+(-8)\}$ _____

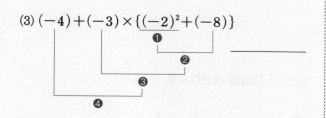

(4) $(-35)\div\left\{(-2)^3\times\left(-\dfrac{1}{4}\right)+3\right\}$ _____

(5) $5-\left[\left\{(-4)^2-9\div\dfrac{3}{2}\right\}-(-2)\right]$ _____

4 다음을 계산하시오.

(1) $-4-9\div\{-8-(-5)\}$ _____

(2) $\{4-(-3)\}\times2-(-4)\div2$ _____

(3) $(-15)\div\{6-(-3)^2\}$ _____

(4) $2-\left\{(11-5)-\left(-\dfrac{4}{3}\right)^2\right\}\times9$ _____

(5) $16\times\left[\left\{-\dfrac{1}{8}+\left(-\dfrac{1}{2}\right)^2\div\dfrac{2}{7}\right\}+\dfrac{1}{4}\right]$ _____

1 다음 보기에서 정수가 아닌 유리수를 모두 고르시오.

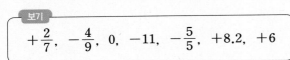

보기

$$+\frac{2}{7}, \quad -\frac{4}{9}, \quad 0, \quad -11, \quad -\frac{5}{5}, \quad +8.2, \quad +6$$

_____

2 다음 수직선 위의 네 점 A, B, C, D에 대응하는 수를 각각 구하시오.

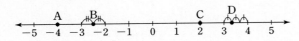

A: _____ B: _____

C: _____ D: _____

3 다음을 구하시오.

(1) $|+7|$ _____

(2) $|-5.4|$ _____

(3) 절댓값이 3인 양수 _____

(4) 절댓값이 $\frac{5}{6}$인 음수 _____

4 다음 ○ 안에 부등호 >, < 중 알맞은 것을 쓰시오.

(1) $-7 \bigcirc +5$

(2) $+\frac{9}{4} \bigcirc +2.2$

(3) $-\frac{5}{7} \bigcirc -\frac{10}{7}$

5 다음을 부등호를 사용하여 나타내시오.

(1) x는 -10 이상이고 -8 미만이다.

➡ _____

(2) x는 $-\frac{3}{2}$ 초과이고 0 이하이다.

➡ _____

(3) x는 -2.8보다 크거나 같고 $\frac{6}{5}$보다 크지 않다.

➡ _____

[6~7] 다음을 계산하시오.

6 (1) $(+6)+(+3.7)$ _____

(2) $\left(-\frac{2}{3}\right)+\left(-\frac{5}{3}\right)$ _____

(3) $\left(-\frac{6}{7}\right)+\left(+\frac{11}{4}\right)$ _____

(4) $(-11)-(-8)$ _____

(5) $\left(+\frac{3}{8}\right)-\left(-\frac{7}{8}\right)$ _____

(6) $\left(+\frac{5}{3}\right)-(+2.1)$ _____

7 (1) $(+5)+(-3)-(-6)$ _____

(2) $\left(+\frac{9}{5}\right)-(+2)+\left(-\frac{4}{5}\right)$ _____

(3) $1.2-2.7+3.4$ _____

(4) $-\dfrac{10}{7}-\dfrac{1}{2}-\dfrac{4}{7}$ _____

[8~10] 다음을 계산하시오.

8 (1) $(-8)\times(-3)$ _____

(2) $\left(+\dfrac{12}{5}\right)\times\left(+\dfrac{7}{6}\right)$ _____

(3) $(+5)\times(-3.1)$ _____

(4) $\left(-\dfrac{10}{9}\right)\times(+2.7)$ _____

9 (1) $(-4)\times(+2)\times(-5)$ _____

(2) $\left(+\dfrac{2}{3}\right)\times\left(-\dfrac{6}{11}\right)\times\left(+\dfrac{7}{4}\right)$ _____

(3) $\left(-\dfrac{16}{9}\right)\times(-6)\times\left(+\dfrac{3}{5}\right)\times\left(+\dfrac{3}{8}\right)$

_____

(4) $-3^3\times\left(-\dfrac{1}{6}\right)^2\times(-4)$ _____

10 (1) $(-8)\times(100+5)$ _____

(2) $25\times(-6)+75\times(-6)$ _____

[11~12] 다음을 계산하시오.

11 (1) $(+60)\div(-5)$ _____

(2) $(+3.6)\div(+9)$ _____

(3) $(-7.7)\div(+1.1)$ _____

(4) $\left(-\dfrac{9}{14}\right)\div\left(-\dfrac{15}{7}\right)$ _____

(5) $\left(+\dfrac{3}{8}\right)\div(-6)$ _____

12 (1) $(-8)\times(-4)-3$ _____

(2) $48+54\div(-9)$ _____

(3) $\dfrac{9}{2}\times(-2)^3\div(-1.8)$ _____

(4) $\left(-\dfrac{4}{9}\right)\div\left(-\dfrac{16}{3}\right)\times(-12)$ _____

(5) $-4-\left\{2+\left(-\dfrac{5}{6}\right)+\dfrac{1}{3}\right\}\times6$ _____

(6) $10\times\left[7\div\{9-(-2)^4\}+\dfrac{3}{5}\right]$ _____

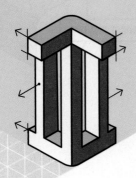

문자와 식

1 문자의 사용과 식의 값
2 일차식과 그 계산
3 일차방정식

• 600원짜리 과자 x개의 가격
➡ ($\boxed{❶}\times x$)원 → 식을 세울 때는 반드시 단위를 써야 해!

Ⅲ·1 문자의 사용과 식의 값

❶ 문자의 사용

(1) 문자를 사용하면 어떤 수량 사이의 관계를 간단한 식으로 나타낼 수 있다.

(2) **곱셈 기호의 생략**

① (수)×(문자): 수를 문자의 앞에 쓴다.　　예 $2 \times a = 2a$, $a \times (-2) = -2a$

② $1 \times$(문자), $-1 \times$(문자): 1을 생략한다.　　예 $1 \times x = x$, $(-1) \times x = -x$

③ 문자와 문자의 곱: 알파벳 순서대로 쓴다.　　예 $b \times a = ab$

④ 같은 문자의 곱: 거듭제곱으로 나타낸다.　　예 $x \times x = x^2$

(3) **나눗셈 기호의 생략**

나눗셈 기호를 생략하고 분수 꼴로 나타내거나 나눗셈을 역수의 곱셈으로 바꾸어 곱셈 기호를 생략한다.

예 $x \div 4 = \dfrac{x}{4}$　또는　$x \div 4 = x \times \dfrac{1}{4} = \dfrac{1}{4}x$

❷ 대입과 식의 값

→ 음수를 대입할 때는 반드시 괄호 ( )를 사용하기!

(1) **대입**: 문자를 사용한 식에서 문자에 <u>어떤 수</u>를 바꾸어 넣는 것

(2) **식의 값**: 문자를 사용한 식에서 문자에 어떤 수를 대입하여 계산한 결과

• $x = 2$일 때, $3x - 1$의 값
$\xrightarrow{x에 2를 대입}$ $3x - 1 = 3 \times \boxed{❷} - 1$
$= \boxed{❸}$

Ⅲ·2 일차식과 그 계산

❶ 다항식과 일차식

(1) **다항식**: 한 개 또는 두 개 이상의 항의 합으로 이루어진 식

→ 단항식은 모두 다항식이야!

(2) **단항식**: 항이 한 개뿐인 <u>다항식</u>

(3) **차수와 일차식**

① 항의 차수: 어떤 항에서 문자가 곱해진 개수

② 다항식의 차수: 차수가 가장 큰 항의 차수

③ 일차식: 차수가 1인 다항식　　예 $4x$, $x+1$, $\dfrac{y}{2}$

x의 계수　y의 계수　상수항
↓　　　　↓　　　　↓
• $\overline{5x + (-2y) + 3}$
↑_____↑
항

• $2x^2 + 3x + 1$
2차　1차　0차
➡ **다항식의 차수: 2**

❷ 일차식과 수의 곱셈, 나눗셈

(1) **단항식과 수의 곱셈, 나눗셈**

① (단항식)×(수): 수끼리 곱하여 문자 앞에 쓴다.　　예 $2x \times 3 = 6x$

② (단항식)÷(수): 나누는 수의 역수를 곱한다.　　예 $3x \div 2 = 3x \times \dfrac{1}{2} = \dfrac{3}{2}x$

(2) **일차식과 수의 곱셈, 나눗셈**　$\overset{\frown}{a \times (b+c)} = a \times b + a \times c$, $\overset{\frown}{(a+b) \times c} = a \times c + b \times c$

① (수)×(일차식): 분배법칙을 이용하여 일차식의 각 항에 수를 곱한다.

② (일차식)÷(수): 나눗셈을 곱셈으로 고친 후 <u>분배법칙</u>을 이용한다.

• $5(x+2) = 5 \times x + 5 \times \boxed{❹}$
$= \boxed{❺}$

46　Ⅲ. 문자와 식

❸ 일차식의 덧셈과 뺄셈

(1) **동류항:** 문자가 같고, 차수도 같은 항

참고 상수항끼리는 항상 동류항이다.

(2) **동류항의 덧셈과 뺄셈:** 동류항의 계수끼리 더하거나 뺀 후 문자 앞에 쓴다.

예 $5x + 3x = (5+3)x = 8x$, $7x - 4x = (7-4)x = 3x$

(3) **일차식의 덧셈과 뺄셈**

❶ 괄호가 있으면 분배법칙을 이용하여 괄호를 푼다.

❷ 동류항끼리 모은 후 계산하여 정리한다.

예 $2(3x-1)+(2x+3)=6x-2+2x+3=6x+2x-2+3=8x+1$

주의 괄호 앞에 ➖가 있으면 괄호 안의 부호를 반대로 바꾸어 풀어 준다.

개념
CHECK

• 다항식 $2x-3-3x+5$에서
➡ $2x$의 동류항은 ⑥ ☐ ,
 -3의 동류항은 ⑦ ☐

Ⅲ·3 일차방정식

❶ 일차방정식과 그 해

(1) **등식:** 등호(＝)를 사용하여 수량 사이의 관계를 나타낸 식

(2) **방정식:** 미지수의 값에 따라 참이 되기도 하고, 거짓이 되기도 하는 등식 → 방정식에 있는 x, y 등의 문자

$2x+1＝5$
좌변 우변
↑ 양변 ↑

① **방정식의 해(근):** 방정식을 참이 되게 하는 미지수의 값

② **방정식을 푼다.:** 방정식의 해(근)를 구하는 것

예 $2x-1=1$ ➡ $x=1$일 때만 참 ➡ 방정식의 해(근)는 $x=1$

(3) **항등식:** 미지수에 어떠한 값을 대입해도 항상 참이 되는 등식 예 $2x+4x=6x$

(4) **등식의 성질**

① 양변에 **같은 수를 더하여도** 등식은 성립 ➡ $a=b$이면 $a+c=b+c$

② 양변에서 **같은 수를 빼어도** 등식은 성립 ➡ $a=b$이면 $a-c=b-c$

③ 양변에 **같은 수를 곱하여도** 등식은 성립 ➡ $a=b$이면 $ac=bc$

④ 양변을 **0이 아닌 같은 수로 나누어도** 등식은 성립 ➡ $a=b$이면 $\dfrac{a}{c}=\dfrac{b}{c}$ (단, $c \neq 0$)

• $a=b$이면
➡ $a+1=$ ⑧ ☐ , $a-2=$ ⑨ ☐
 $a \times 3=$ ⑩ ☐ , $a \div 4=$ ⑪ ☐

(5) **이항:** 등식의 성질을 이용하여 등식의 한 변에 있는 항을 그 항의 **부호를 바꾸어 다른 변으로 옮기는 것**

$x-2=7$
↓ 이항
$x=7+2$

(6) **일차방정식:** 등식의 모든 항을 좌변으로 이항하여 정리한 식이 (일차식)$=0$의 꼴로 나타나는 방정식

예 $x+1=0$, $-2x=0$, $3x-2=0$ → (x에 대한 일차식)$=0$ 꼴인 방정식은 x에 대한 일차방정식이라고 해!

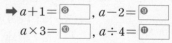

$3(x-1)=x-5$
$3x-3=x-5$ ❶
$3x-$ ⑫ ☐ $=-5+$ ⑬ ☐   ❷
$2x=$ ⑭ ☐   ❸
$\therefore x=$ ⑮ ☐   ❹

❷ 일차방정식의 풀이

❶ 괄호가 있으면 분배법칙을 이용하여 괄호를 먼저 푼다.

❷ 일차항은 좌변으로, 상수항은 우변으로 각각 이항한다.

❸ 양변을 정리하여 $ax=b\,(a \neq 0)$의 꼴로 고친다.

❹ 양변을 x의 계수로 나누어 $x=$(수)의 꼴로 나타낸다.

예 $4(x+2)=x-1 \xrightarrow{\text{❶}} 4x+8=x-1 \xrightarrow{\text{❷}} 4x-x=-1-8 \xrightarrow{\text{❸}} 3x=-9 \xrightarrow{\text{❹}} x=-3$

정답
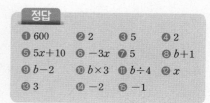

❶ 600 ❷ 2 ❸ 5 ❹ 2
❺ $5x+10$ ❻ $-3x$ ❼ 5 ❽ $b+1$
❾ $b-2$ ❿ $b \times 3$ ⑪ $b \div 4$ ⑫ x
⑬ 3 ⑭ -2 ⑮ -1

문자의 사용

▶정답과 해설 15쪽

한 개에 500원인 사과 n개를 살 때, 필요한 금액을 문자를 사용한 식으로 나타내시오.

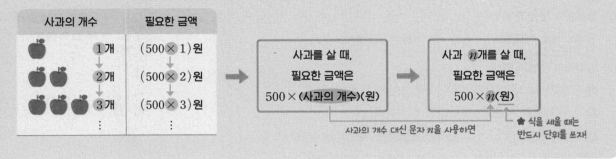

사과의 개수	필요한 금액
1개	(500×1)원
2개	(500×2)원
3개	(500×3)원
⋮	⋮

사과를 살 때,
필요한 금액은
$500 \times$ (사과의 개수)(원)

사과 n개를 살 때,
필요한 금액은
$500 \times n$(원)

사과의 개수 대신 문자 n을 사용하면

★ 식을 세울 때는
반드시 단위를 쓰자!

○익힘북 17쪽

1 다음을 문자를 사용한 식으로 나타내시오.

(1) 한 권에 800원인 공책 a권을 살 때, 필요한 금액
➡ (필요한 금액)
　 =(공책 한 권의 가격)×(공책의 수)
　 =☐×☐(원)

(2) 한 개에 200원인 사탕 x개의 가격

　　　　　　　　　　

(3) a세인 조카보다 13세 많은 삼촌의 나이
➡ (삼촌의 나이)
　 =(조카의 나이)+(나이의 차)
　 =☐+☐(세)

(4) 현재 x세인 철규의 10년 후의 나이

　　　　　　　　　　

(5) 700원짜리 스티커 x개를 사고 5000원을 냈을 때의 거스름돈
➡ (거스름돈)
　 =(지불한 금액)-(스티커 x개의 가격)
　 =☐-☐(원)

(6) 400원짜리 지우개 a개를 사고 3000원을 냈을 때의 거스름돈

(7) 12자루에 y원인 연필 한 자루의 가격
➡ (연필 한 자루의 가격)
　 =(연필 12자루의 가격)÷(연필의 수)
　 =☐÷☐(원)

(8) 5장에 a원인 치즈 한 장의 가격　　　　　　

(9) 가로의 길이가 4 cm, 세로의 길이가 x cm인 직사각형의 둘레의 길이
➡ (직사각형의 둘레의 길이)
　 =2×{(가로의 길이)+(세로의 길이)}
　 =2×(☐+☐)(cm)

(10) 가로의 길이가 x cm, 세로의 길이가 9 cm인 직사각형의 넓이

　　　　　　　　　　

(11) 자동차가 시속 a km로 5시간 동안 달린 거리
➡ (거리)=(속력)×(시간)
　 =☐×☐(km)

(12) 자전거를 타고 a km를 간 후 4 km를 걸어갔을 때, 이동한 총 거리

곱셈 기호의 생략

▶ 정답과 해설 15쪽

다음을 곱셈 기호 ×를 생략한 식으로 나타내시오.

(1) $b \times 4 \times a$ ⟹ 수는 문자 앞에! 문자의 곱은 알파벳 순서대로! ⟹ $4\underline{ab}$

(2) $a \times (-1) \times a \times a$ ⟹ 1은 생략! 같은 문자의 곱은 거듭제곱으로! ⟹ $-\underline{a}^3$

(3) $(a+b) \times 3$ ⟹ 괄호가 있을 때는 수를 괄호 앞에! ⟹ $3\underline{(a+b)}$

주의하자
$0.1 \times a$는 $0.a$로 쓰지 않고 $0.1a$로 써야 해!

○ 익힘북 17쪽

1 다음을 곱셈 기호 ×를 생략한 식으로 나타내시오.

(1) $5 \times a$ _____

(2) $x \times (-4)$ _____

(3) $b \times a \times x$ _____

(4) $y \times x \times (-1)$ _____

(5) $(-0.1) \times a$ _____

(6) $(a+b) \times 8$ _____

(7) $(x-9) \times (-1)$ _____

(8) $x \times \dfrac{1}{4} \times x \times x$ _____

(9) $y \times x \times a \times x$ _____

(10) $b \times a \times (-2) \times a \times a$ _____

(11) $y \times y \times x \times 0.1 \times y$ _____

조금 더⁺ 기호 $+$, $-$는 생략 불가능

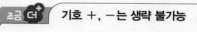

$$3 \times x + 4 \times y = 3x + 4y$$

기호 $+$, $-$는 생략할 수 없어!

2 다음을 곱셈 기호 ×를 생략한 식으로 나타내시오.

(1) $9 + 6 \times a \times a$ _____

(2) $5 \times x - 2 \times y$ _____

(3) $8 \times x + y \times 7$ _____

(4) $(-3) \times a - b \times 1$ _____

3 나눗셈 기호의 생략

다음을 나눗셈 기호 ÷를 생략한 식으로 나타내시오.

$a \div 3$ ──── 분수 꼴로 ────▶ $a \div 3 = \dfrac{a}{3}$

또는 역수의 곱셈으로 ────▶ $a \div 3 = a \times \dfrac{1}{3} = \dfrac{a}{3}$

하자

- $a \div 1$은 $\dfrac{a}{1}$로 쓰지 않고 a로 써야 해!
- $a \div (-1)$은 $\dfrac{a}{-1}$로 쓰지 않고 $-a$로 써야 해!

○ 익힘북 18쪽

1 다음을 나눗셈 기호 ÷를 생략한 식으로 나타내시오.

(1) $a \div 5$ _____

(2) $(-2) \div b$ _____

(3) $4a \div b$ _____

(4) $(x+y) \div 7$ _____

(5) $x \div (a-b)$ _____

2 다음을 나눗셈 기호 ÷를 생략한 식으로 나타내시오.

(1) $x \div y \div 6 = x \times \dfrac{1}{\boxed{}} \times \dfrac{1}{\boxed{}} = \boxed{}$

(2) $a \div b \div c$ _____

(3) $x \div 7 \div y$ _____

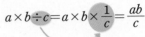 **기호 ×, ÷가 혼합된 식에서 ×, ÷ 생략하기**

기호 ×, ÷가 혼합된 식은 앞에서부터 차례로 기호를 생략하여 나타내자!

$$a \times b \div c = a \times b \times \dfrac{1}{c} = \dfrac{ab}{c}$$

나눗셈을 역수의 곱셈으로 고쳐서 계산하면 편리해.

3 다음을 기호 ×, ÷를 생략한 식으로 나타내시오.

(1) $a \times 8 \div b = a \times 8 \times \dfrac{1}{\boxed{}} = \boxed{}$

(2) $3 \div x \times y$ _____

(3) $a \times a \div b$ _____

(4) $a \times 9 + 1 \div b$ _____

(5) $7 - x \times 2 \div y$ _____

(6) $(a+b) \times 2 - c \div 3$ _____

대입과 식의 값

▶정답과 해설 15쪽

다음을 구하시오.

(1) $x=2$일 때, $4x-2$의 값

➡ $4x-2=4\times x-2$ ← 곱셈 기호 $\times$ 다시 쓰기

$=4\times 2-2$ ← x에 2를 대입하기

$=6$ ← 식의 값 구하기

(2) $x=-2$일 때, $3x-4$의 값

➡ $3x-4=3\times x-4$ ← 곱셈 기호 $\times$ 다시 쓰기

$=3\times(-2)-4$ ← x에 -2를 대입하기

$=-10$ ← 식의 값 구하기

★ 음수는 괄호를 사용하여 대입!

○익힘북 18쪽

1 다음은 $x=3$일 때, 주어진 식의 값을 구한 것이다. ☐ 안에 알맞은 수를 쓰시오.

(1) $x+6$ ➡ ☐$+6=$☐

(2) $2x-7$ ➡ $2\times$☐$-7=$☐

(3) $-\dfrac{1}{3}x+1$ ➡ $-\dfrac{1}{3}\times$☐$+1=$☐

(4) x^2+4 ➡ ☐$^2+4=$☐

2 다음을 구하시오.

(1) $a=4$일 때, $-3a+2$의 값 _____

(2) $x=6$일 때, $\dfrac{1}{2}x+1$의 값 _____

(3) $b=5$일 때, b^2-2b의 값 _____

(4) $y=3$일 때, $\dfrac{1}{y+3}$의 값 _____

3 다음은 $x=-4$일 때, 주어진 식의 값을 구한 것이다. ☐ 안에 알맞은 수를 쓰시오.

(1) $x-3$ ➡ $($☐$)-3=$☐

(2) $3x+4$ ➡ $3\times($☐$)+4=$☐

(3) $\dfrac{1}{2}x+5$ ➡ $\dfrac{1}{2}\times($☐$)+5=$☐

(4) $-x^2+2$ ➡ $-($☐$)^2+2=$☐

4 다음을 구하시오.

(1) $x=-3$일 때, $2x+8$의 값 _____

(2) $a=-6$일 때, $\dfrac{2}{3}a-5$의 값 _____

(3) $y=-7$일 때, y^2+6y의 값 _____

(4) $b=-5$일 때, $\dfrac{2}{b-4}$의 값 _____

5 다음은 $x=-3$, $y=4$일 때, 주어진 식의 값을 구한 것이다. □ 안에 알맞은 수를 쓰시오.

(1) $2x+5y$ ➡ $2\times(\boxed{})+5\times\boxed{}=\boxed{}$

(2) $6xy$ ➡ $6\times(\boxed{})\times\boxed{}=\boxed{}$

(3) x^2-y^2 ➡ $(\boxed{})^2-\boxed{}^2=\boxed{}$

(4) $\dfrac{x+y}{xy}$ ➡ $\dfrac{\boxed{}+\boxed{}}{(\boxed{})\times\boxed{}}=\boxed{}$

6 다음을 구하시오.

(1) $a=2$, $b=-1$일 때, $3a-b$의 값 _____

(2) $a=-2$, $b=4$일 때, a^2+4ab의 값 _____

(3) $x=3$, $y=-2$일 때, $\dfrac{x-y}{x+y}$의 값 _____

(4) $x=-5$, $y=4$일 때, $\dfrac{x}{10}+\dfrac{2}{y}$의 값 _____

7 다음을 구하시오.

(1) $a=\dfrac{1}{4}$일 때, $8a-3$의 값 _____

(2) $b=-\dfrac{1}{2}$일 때, $10b+4$의 값 _____

(3) $x=\dfrac{1}{3}$, $y=\dfrac{1}{2}$일 때, $6x+8y$의 값 _____

(4) $x=-\dfrac{1}{4}$, $y=-\dfrac{1}{5}$일 때, $-12x+15y$의 값 _____

조금 더⁺ **분모에 분수를 대입하는 경우**

분모에 분수를 대입할 때는 생략된 나눗셈 기호를 다시 나타내자!

$x=\dfrac{1}{2}$일 때, $\dfrac{3}{x}=3\div x=3\div\dfrac{1}{2}=3\times2=6$

8 다음을 구하시오.

(1) $a=\dfrac{1}{3}$일 때, $\dfrac{1}{a}+2$의 값

$\dfrac{1}{a}+2=1\div a+2=1\div\boxed{}+2$
$\qquad =1\times\boxed{}+2=\boxed{}$

(2) $b=-\dfrac{1}{2}$일 때, $\dfrac{4}{b}-2$의 값 _____

(3) $x=\dfrac{1}{4}$, $y=\dfrac{1}{6}$일 때, $\dfrac{3}{x}-\dfrac{4}{y}$ _____

(4) $x=-\dfrac{1}{3}$, $y=-\dfrac{1}{5}$일 때, $-\dfrac{6}{x}+\dfrac{2}{y}$의 값 _____

6 다항식

▶정답과 해설 16쪽

다항식 $2x-3y-4$에서 항, 상수항, x의 계수, y의 계수를 각각 구하시오.

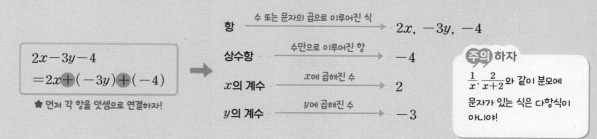

○익힘북 19쪽

1 다항식 $-5x+6y-2$에서 다음을 구하시오.

(1) $-5x+6y-2=-5x+6y+(\boxed{})$

(2) 항 _____

(3) 상수항 _____

(4) x의 계수 _____

(5) y의 계수 _____

2 다항식 x^2-3x-4에서 다음을 구하시오.

(1) $x^2-3x-4=x^2+(\boxed{}x)+(\boxed{})$

(2) 항 _____

(3) 상수항 _____

(4) x의 계수 _____

(5) x^2의 계수 _____

3 다음 중 단항식인 것은 ○표, 아닌 것은 ×표를 ( ) 안에 쓰시오.

(1) $4x^2$ ( )

(2) $3y+2$ ( )

(3) -10 ( )

(4) $-12x$ ( )

(5) $2a-5b$ ( )

(6) $\dfrac{4y}{5}$ ( )

(7) $\dfrac{x+1}{3}$ ( )

차수와 일차식

▶ 정답과 해설 16쪽

다음 다항식의 차수를 구하고 일차식인지 말하시오.

차수가 가장 큰 항의 차수   차수가 1인 다항식

(1) $3x+4$ ——각 항의 차수는?—— $3x$의 차수: 1 / 4의 차수: 0 ——다항식의 차수는?—— **1** 일차식이다.

(2) $8x^2-2x+7$ ——각 항의 차수는?—— $8x^2$의 차수: 2 / $-2x$의 차수: 1 / 7의 차수: 0 ——다항식의 차수는?—— **2** 일차식이 아니다.

◯익힘북 19쪽

1 다음 다항식의 차수를 구하시오.

(1) $7x-1$

➡ $7x$의 차수: ☐

  -1의 차수: ☐ _____

(2) $4x^2-3x+2$

➡ $4x^2$의 차수: ☐

  $-3x$의 차수: ☐

  2의 차수: ☐ _____

(3) $2x+9$ _____

(4) x^2-x+5 _____

(5) $3x^3-6x$ _____

(6) $\dfrac{1}{5}x+2$ _____

(7) $-7x^2+x^3+10$ _____

2 다음 중 일차식인 것은 ◯표, 아닌 것은 ×표를 ( ) 안에 쓰시오.

(1) $a-2$ ( )

(2) $3x-4$ ( )

(3) -8 ( )

(4) $\dfrac{y}{2}+1$ ( )

(5) $2-a^2$ ( )

(6) $\dfrac{2x+3}{5}$ ( )

(7) $\dfrac{1}{b}-1$ ( )

단항식과 수의 곱셈, 나눗셈

▶ 정답과 해설 16쪽

다음 식을 계산하시오.

(1) $3x \times 5 = 3 \times x \times 5$

$\qquad = (3 \times 5) \times x$ ← 수끼리 모으기 (곱셈의 계산 법칙 이용)

$\qquad = 15x$ ← 수끼리 곱하여 문자 앞에 쓰기

(2) $4x \div 2 = 4 \times x \times \dfrac{1}{2}$ ← 나누는 수의 역수 곱하기

$\qquad = \left(4 \times \dfrac{1}{2}\right) \times x$ ← 수끼리 모으기 (곱셈의 계산 법칙 이용)

$\qquad = 2x$ ← 수끼리 곱하여 문자 앞에 쓰기

○ 익힘북 20쪽

1 다음 식을 계산하시오.

(1) $2x \times 3 = \boxed{} \times x \times 3$

$\qquad = (\boxed{} \times 3) \times x$

$\qquad = \boxed{} x$

(2) $4 \times (-3y)$　＿＿＿＿＿

(3) $(-7a) \times 5$　＿＿＿＿＿

(4) $\dfrac{3}{2} b \times 6$　＿＿＿＿＿

(5) $(-9x) \times \dfrac{2}{3}$　＿＿＿＿＿

(6) $\dfrac{y}{5} \times (-10)$　＿＿＿＿＿

2 다음 식을 계산하시오.

(1) $24a \div 4 = 24 \times a \times \dfrac{1}{\boxed{}}$

$\qquad = \left(24 \times \dfrac{1}{\boxed{}}\right) \times a$

$\qquad = \boxed{} a$

(2) $(-18b) \div 3$　＿＿＿＿＿

(3) $32x \div (-4)$　＿＿＿＿＿

(4) $\dfrac{6}{7} y \div 3$　＿＿＿＿＿

(5) $20a \div \left(-\dfrac{5}{3}\right)$　＿＿＿＿＿

(6) $\left(-\dfrac{9}{2} x\right) \div \left(-\dfrac{3}{4}\right)$　＿＿＿＿＿

일차식과 수의 곱셈, 나눗셈

▶ 정답과 해설 17쪽

다음 식을 계산하시오.

(1) $2(3x+4) = \underline{2 \times 3x} + \underline{2 \times 4}$ ← 분배법칙 이용하기

　　　　①　　　②

　　　　　$= 6x+8$ ← 계산하기

(2) $(4x-8) \div 2 = (4x-8) \times \dfrac{1}{2}$ ← 나누는 수의 역수 곱하기

　　　　　$= 4x \times \dfrac{1}{2} - 8 \times \dfrac{1}{2}$ ← 분배법칙 이용하기

　　　　　　①　　　　②

　　　　　$= 2x-4$ ← 계산하기

○익힘북 20쪽

1 다음 식을 계산하시오.

(1) $5(2x+1) = \boxed{} \times 2x + \boxed{} \times 1$

　　　　　$= \boxed{}\,x + \boxed{}$

(2) $-4(2a-5)$ _____

(3) $12\left(\dfrac{1}{3}x + \dfrac{5}{4}\right)$ _____

(4) $\dfrac{2}{3}\left(-\dfrac{9}{2}y + 6\right)$ _____

(5) $(2x-3) \times 7 = 2x \times \boxed{} - 3 \times \boxed{}$

　　　　　$= \boxed{}\,x - \boxed{}$

(6) $(6y-2) \times (-3)$ _____

(7) $(28a-4) \times \dfrac{1}{4}$ _____

(8) $(18x-3) \times \left(-\dfrac{2}{9}\right)$ _____

2 다음 식을 계산하시오.

(1) $(6x-9) \div 3 = (6x-9) \times \boxed{}$

　　　　　$= 6x \times \boxed{} - 9 \times \boxed{}$

　　　　　$= \boxed{}\,x - \boxed{}$

(2) $(9a-18) \div 3$ _____

(3) $(16x-32) \div (-8)$ _____

(4) $(-6x+2) \div (-2)$ _____

(5) $(3a+12) \div \dfrac{3}{2}$ _____

(6) $(2x-5) \div \left(-\dfrac{1}{3}\right)$ _____

(7) $(-24a+6) \div \dfrac{12}{5}$ _____

동류항 / 동류항의 계산

▶ 정답과 해설 17쪽

다음 중 동류항끼리 짝 지어진 것을 모두 고르시오.

ㄱ. $2a, 5a$ ➡ 문자와 차수가 같으므로 동류항이다.

ㄴ. $3x, 4y$ ➡ 문자가 다르므로 동류항이 아니다.

ㄷ. $x^2, 2x^3$ ➡ 차수가 다르므로 동류항이 아니다.

ㄹ. $5, -10$ ➡ 상수항끼리는 모두 동류항이다.

다음 식을 계산하시오.

(1) $5a + 2a = (5+2)a = 7a$

동류항의 계수끼리 더하여 문자 앞에 쓴다.

(2) $5a - 2a = (5-2)a = 3a$

동류항의 계수끼리 빼어 문자 앞에 쓴다.

○ 익힘북 21쪽

1 다음 보기에서 동류항끼리 짝 지으시오.

(1) 보기
$$x, \quad 2y, \quad -4, \quad -3x, \quad 6y, \quad 7$$

_____

(2) 보기
$$2y^2, \quad 1, \quad \frac{1}{3}x, \quad 2x^2, \quad -x, \quad 5$$

_____

2 다음 다항식에서 동류항을 모두 말하시오.

(1) $a - 3 + 2a + 1$ _____

(2) $6x + \dfrac{y}{2} - 3x - 5y$ _____

(3) $4a - b + 2 - a + 5b + \dfrac{3}{4}$ _____

3 다음 식을 계산하시오.

(1) $3x + 4x = (3 + \boxed{})x = \boxed{}x$

(2) $4x - 7x = (4 - \boxed{})x = \boxed{}x$

(3) $3a + 8a - 2a$ _____

(4) $9b - 1 - 5b + 3$ _____

(5) $7x + 3x - 1 - 4x + 2$ _____

(6) $y - 4x + 8x - 2y$ _____

(7) $-6a + 5b - b + 4a$ _____

(8) $\dfrac{4}{3}a + 6 + \dfrac{2}{3}a - 4$ _____

일차식의 덧셈과 뺄셈

▶ 정답과 해설 18쪽

다음 식을 계산하시오.

(1) $2(3x+1)+(5x-1)$

$=6x+2+5x-1$ 분배법칙을 이용하여 괄호 풀기

$=6x+5x+2-1$ 동류항끼리 모으기

$=11x+1$ 동류항끼리 계산하기

(2) $(2x+3)-(x+1)$

$=2x+3-x-1$ 빼는 식의 각 항의 부호를 바꾸어 괄호 풀기

$=2x-x+3-1$ 동류항끼리 모으기

$=x+2$ 동류항끼리 계산하기

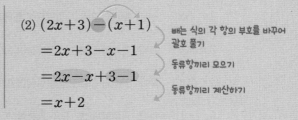

○익힘북 21쪽

1 다음 식을 계산하시오.

(1) $(x+4)+(2x-5)=x+4+\boxed{}x-\boxed{}$

$\qquad =x+\boxed{}x+4-\boxed{}$

$\qquad =\boxed{}x-\boxed{}$

(2) $(2x+6)+(4x+3)$ _____

(3) $(2-7x)+(-5x-1)$ _____

(4) $(3x+7)-(6x-1)=3x+7-\boxed{}x+\boxed{}$

$\qquad =3x-\boxed{}x+7+\boxed{}$

$\qquad =-\boxed{}x+\boxed{}$

(5) $(5x-3)-(-2x+1)$ _____

(6) $(-4x+1)-(9x-5)$ _____

2 다음 식을 계산하시오.

(1) $2(x-4)+3(2x+1)=2x-8+\boxed{}x+\boxed{}$

$\qquad =2x+\boxed{}x-8+\boxed{}$

$\qquad =\boxed{}x-\boxed{}$

(2) $3(4-2x)+(-5x+1)$ _____

(3) $4(2x+1)+2(x-3)$ _____

(4) $(5x-3)+7(x+2)$ _____

(5) $\dfrac{1}{3}(6x+15)+\dfrac{1}{2}(-10x-2)$ _____

(6) $\dfrac{2}{3}(5x-2)+\dfrac{1}{3}(x+1)$ _____

(7) $2(4x-2)-3(2x+3)=8x-4-\boxed{}x-\boxed{}$
$=8x-\boxed{}x-4-\boxed{}$
$=\boxed{}x-\boxed{}$

(8) $-(4x-3)-2(5-x)$ _____

(9) $3(8+4x)-4(-3x+6)$ _____

(10) $8\left(\dfrac{1}{4}x-1\right)-6\left(\dfrac{1}{3}-2x\right)$ _____

(11) $\dfrac{1}{4}(8x-12)-\dfrac{1}{3}(9x+3)$ _____

(12) $\dfrac{5}{3}(x+1)-\dfrac{1}{6}(2x+8)$ _____

조금 더⁺ **분수 꼴의 일차식의 덧셈과 뺄셈**

분수 꼴의 일차식의 계산에서 분모가 서로 다른 경우에는 분모의 최소공배수로 통분한 후 동류항끼리 계산하자!

예 $\dfrac{x+1}{2}+\dfrac{x-7}{4}$ $\xrightarrow{\text{통분}}$ $\dfrac{2(x+1)+(x-7)}{4}$

3 다음 식을 계산하시오.

(1) $\dfrac{x-4}{3}+\dfrac{3x-5}{2}=\dfrac{\boxed{}(x-4)+\boxed{}(3x-5)}{6}$

$=\dfrac{\boxed{}x-8+9x-\boxed{}}{6}$

$=\dfrac{\boxed{}x+9x-8-\boxed{}}{6}$

$=\dfrac{\boxed{}x-\boxed{}}{6}=\boxed{}x-\boxed{}$

(2) $\dfrac{x-3}{2}+\dfrac{x+1}{4}$ _____

(3) $\dfrac{2x+4}{3}-\dfrac{x-3}{4}$ _____

(4) $\dfrac{5x-1}{2}-\dfrac{3x+4}{3}$ _____

(5) $\dfrac{3(x-7)}{4}-\dfrac{2x+1}{6}$ _____

등식

▶ 정답과 해설 19쪽

다음 중 등식인 것을 모두 고르시오.

ㄱ. $x+3=2x$	➡ 등호(=)를 사용하여 나타낸 식	➡ 등식이다.
ㄴ. $2x+1$	➡ 등호(=)가 없는 식	➡ 등식이 아니다.
ㄷ. $x+1≤3$	➡ 부등호를 사용한 식	➡ 등식이 아니다.
ㄹ. $1+5=6$	➡ 등호(=)를 사용하여 나타낸 식	➡ 등식이다.

● 등식 ●

등호
↓
$2x+1 = 5$
좌변   우변
양변

◉익힘북 22쪽

1 다음 중 등식인 것은 ○표, 아닌 것은 ×표를 ( ) 안에 쓰시오.

(1) $3x-6=0$ (   )

(2) $5x+2$ (   )

(3) $6x-1<2$ (   )

(4) $2+5=7$ (   )

(5) $x+2x=3x$ (   )

2 다음 등식에서 좌변과 우변을 각각 쓰시오.

(1) $3+6=9$ _____

(2) $x-3=2$ _____

(3) $5x=x+7$ _____

(4) $2x-1=x+3$

3 다음 문장을 등식으로 나타내시오.

(1) 어떤 수 x의 5배에 2를 더한 값은 / x의 2배에 서 7을 뺀 값과 같다.

➡ $5x+\boxed{}=\boxed{}x-7$

(2) 2500원짜리 김밥 2줄과 800원짜리 튀김 x개의 가격은 / 7400원이다.

_____

(3) 한 변의 길이가 x cm인 정삼각형의 둘레의 길 이는 / 24 cm이다.

_____

(4) 길이가 120 cm인 끈에서 x cm씩 3번을 잘라 냈더니 / 18 cm가 남았다.

_____

(5) 100개의 미세 먼지 마스크를 6개의 상자에 x개 씩 나누어 담았더니 / 4개가 남았다.

_____

방정식과 그 해

▶정답과 해설 19쪽

3. 일차방정식

x의 값이 -1, 0, 1일 때, 이 중에서 방정식 $2x+1=3$의 해를 구하시오.

x의 값	좌변의 값	우변의 값	참/거짓
-1	$2\times(-1)+1=-1$	3	거짓
0	$2\times0+1=1$	3	거짓
1	$2\times1+1=3$	3	참

➡ 방정식 $2x+1=3$은 $x=1$일 때 참이 되므로 이 방정식의 해는 $x=1$이다.

기억하자
방정식의 해인 것을 찾을 때는 주어진 방정식에 x의 값을 대입하여 참이 되는 것을 찾재!

◐익힘북 23쪽

1 다음 표를 완성하고, 주어진 방정식의 해를 구하시오.

(1) $3x-2=1$

x의 값	좌변의 값	우변의 값	참/거짓
-1	$3\times(-1)-2=-5$	1	거짓
0		1	
1		1	

➡ 해: _____

(2) $2x=3x-1$

x의 값	좌변의 값	우변의 값	참/거짓
-1			
0			
1			

➡ 해: _____

(3) $x+10=5-4x$

x의 값	좌변의 값	우변의 값	참/거짓
-1			
0			
1			

➡ 해: _____

2 다음 [ ] 안의 수가 주어진 방정식의 해이면 ○표, 해가 아니면 ×표를 ( ) 안에 쓰시오.

(1) $4x-1=7$ $[2]$
➡ (좌변)$=4\times\boxed{}-1=\boxed{}$, (우변)$=7$
( )

(2) $5x-2=x+2$ $[1]$ ( )

(3) $-2(x+1)=8$ $[-4]$ ( )

(4) $-3x+6=5$ $\left[\dfrac{1}{3}\right]$ ( )

(5) $5x+1=2x-8$ $[-3]$ ( )

(6) $\dfrac{1}{2}x-4=4$ $[0]$ ( )

항등식

▶ 정답과 해설 19쪽

등식 $3x-x=2x$가 항등식인지 아닌지 말하시오.

x의 값	좌변의 값	우변의 값	참/거짓
-1	$3\times(-1)-(-1)=-2$	$2\times(-1)=-2$	참
0	$3\times0-0=0$	$2\times0=0$	참
1	$3\times1-1=2$	$2\times1=2$	참

기억하자

어떤 등식이 항등식임을 확인할 때 모든 수를 대입할 수 없으므로
➡ 등식의 좌변 또는 우변을 간단히 정리한 후 (좌변)＝(우변)인지 확인하자!

➡ x에 어떤 값을 대입해도 항상 참이 되므로 등식 $3x-x=2x$는 **항등식이다.**

(좌변)$=2x$, (우변)$=2x$ ➡ (좌변)＝(우변)이므로 항등식!

○ 익힘북 23쪽

1 다음 중 항등식인 것은 ○표, 아닌 것은 ×표를 ( ) 안에 쓰시오.

(1) $5x-2x=3x$

➡ (좌변)$=5x-2x=$□, (우변)$=3x$

( )

(2) $x+4=8x$ ( )

(3) $2(x-3)=2x-6$ ( )

(4) $x-1=1-x$ ( )

(5) $x+7=2x+7-x$ ( )

(6) $4(x-2)-x=3x-6$ ( )

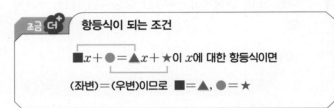

조금 더 항등식이 되는 조건

■$x+$●$=$▲$x+$★이 x에 대한 항등식이면

(좌변)＝(우변)이므로 ■＝▲, ●＝★

2 다음 등식이 x에 대한 항등식이 되도록 하는 상수 a, b의 값을 각각 구하시오.

(1) $ax+b=3x+1$ ➡ $a=3$, $b=$□

(2) $ax-2=4x+b$ _____

(3) $2x+5=ax+b$ _____

(4) $-x+a=bx-3$ _____

(5) $ax+12=3x-4b$ _____

14  등식의 성질

등식의 성질을 이용하여 다음 방정식을 푸시오.

(1) $2x-5=9$ ——양변에 5를 더한다.—— $2x=14$ ——양변을 2로 나눈다.—— $x=7$
　　　　　　　　등식의 성질 ①　　　　　　　　등식의 성질 ④

(2) $\frac{1}{2}x+1=3$ ——양변에서 1을 뺀다.—— $\frac{1}{2}x=2$ ——양변에 2를 곱한다.—— $x=4$
　　　　　　　　등식의 성질 ②　　　　　　　　등식의 성질 ③

> ● 등식의 성질 ●
> ① $a=b$이면 $a+c=b+c$
> ② $a=b$이면 $a-c=b-c$
> ③ $a=b$이면 $ac=bc$
> ④ $a=b$이면 $\frac{a}{c}=\frac{b}{c}$
> 　　　　　　(단, $c\neq0$)

○ 익힘북 24쪽

1 $a=b$일 때, 다음 □ 안에 알맞은 수를 쓰시오.

(1) $a+2=b+\square$　　(2) $a-3=b-\square$

(3) $a\times5=b\times\square$　　(4) $\dfrac{a}{4}=\dfrac{b}{\square}$

2 다음 중 옳은 것은 ○표, 옳지 <u>않은</u> 것은 ×표를 ( ) 안에 쓰시오.

(1) $a=b$이면 $a+1=b+1$이다.　　(　　)

(2) $a=b$이면 $a-4=4-b$이다.　　(　　)

(3) $a=b$이면 $a-b=0$이다.　　(　　)

(4) $a+6=b-6$이면 $a=b$이다.　　(　　)

(5) $\dfrac{a}{3}=\dfrac{b}{2}$이면 $2a=3b$이다.　　(　　)

(6) $ac=bc$이면 $a=b$이다.　　(　　)

3 다음은 등식의 성질을 이용하여 방정식을 푸는 과정이다. 이때 이용한 등식의 성질을 보기에서 골라 □ 안에 쓰시오. (단, c는 자연수)

> 보기
> ㄱ. $a=b$이면 $a+c=b+c$
> ㄴ. $a=b$이면 $a-c=b-c$
> ㄷ. $a=b$이면 $ac=bc$
> ㄹ. $a=b$이면 $\dfrac{a}{c}=\dfrac{b}{c}$

(1) $2x+4=6$ ——$\square$—→ $2x=2$ ——$\square$—→ $x=1$

(2) $\frac{1}{4}x-3=2$ ——$\square$—→ $\frac{1}{4}x=5$ ——$\square$—→ $x=20$

4 등식의 성질을 이용하여 다음 방정식을 푸시오.

(1) 　　$x-3=8$
　　$x-3+\square=8+\square$ ← 양변에 같은 수를 더하면
　　$\therefore x=\square$

(2) $4x+2=10$　　＿＿＿＿＿＿

(3) $-5x-1=9$　　＿＿＿＿＿＿

(4) $\frac{1}{3}x-2=-3$　　＿＿＿＿＿＿

이항 / 일차방정식

▶ 정답과 해설 20쪽

다음 등식에서 밑줄 친 항을 이항하시오.

$$x + 4 = 7 \implies x = 7 - 4$$

이항: 부호를 바꾸어 다른 변으로 옮기는 것

$+\square$를 이항 → $-\square$

$-\triangle$를 이항 → $+\triangle$

등식 $3x = 2x - 4$가 일차방정식인지 아닌지 말하시오.

$3x = 2x - 4$ ⟍ 모든 항을 좌변으로 이항하기

$3x - 2x + 4 = 0$ ⟍ 동류항끼리 정리하기

$x + 4 = 0$

↳ (일차식)$=0$의 꼴이므로 일차방정식이다.

◯익힘북 24쪽

1 다음은 밑줄 친 부분을 이항한 것이다. □ 안에 $+$, $-$ 중 알맞은 것을 쓰시오.

(1) $x - 6 = 8 \implies x = 8 \boxed{} 6$

(2) $2x = 3x - 5 \implies 2x \boxed{} 3x = -5$

(3) $4x + 3 = -x \implies 4x \boxed{} x = \boxed{} 3$

(4) $2x + 7 = 4x - 1 \implies 2x \boxed{} 4x = -1 \boxed{} 7$

2 다음 등식에서 밑줄 친 항을 이항하시오.

(1) $2x + 5 = 7$ _____

(2) $3x = 4 + x$ _____

(3) $-6x + 4 = 5x - 3$ _____

(4) $9 - x = 9x + 10$ _____

3 다음 □ 안에 알맞은 식을 쓰고, 일차방정식인 것은 ◯표, 아닌 것은 ✕표를 ( ) 안에 쓰시오.

(1) $3x + 2 = 1$
➡ $3x + 1 = 0$ ( )

(2) $2x + 5 = -2x$
➡ $\boxed{} = 0$ ( )

(3) $-(x + 6) = -x - 6$
➡ $\boxed{} = 0$ ( )

(4) $6 + x = x - x^2$
➡ $\boxed{} = 0$ ( )

(5) $4x + 2x^2 = 3 - 4x$
➡ $\boxed{} = 0$ ( )

(6) $x^2 + 3x = x^2 - (1 - x)$
➡ $\boxed{} = 0$ ( )

 **일차방정식의 풀이**

▶ 정답과 해설 20쪽

일차방정식 $2(x-3)=4x-2$를 푸시오.

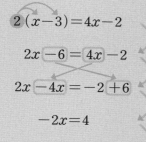

$2(x-3)=4x-2$

❶ 분배법칙을 이용하여 괄호 풀기

$2x-6=4x-2$

❷ 좌변의 -6을 우변으로, 우변의 $4x$를 좌변으로 이항하기

$2x-4x=-2+6$

❸ 동류항 정리하기

$-2x=4$

❹ 양변을 x의 계수로 나누어 해 구하기

$\therefore x=-2$

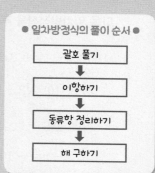

● 일차방정식의 풀이 순서 ●

괄호 풀기
↓
이항하기
↓
동류항 정리하기
↓
해 구하기

◎ 익힘북 25쪽

1 다음은 주어진 일차방정식의 풀이 과정이다. □ 안에 알맞은 수를 쓰시오.

(1) $3x-4=8$

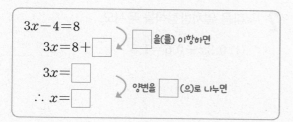

$3x-4=8$
$3x=8+\boxed{}$ ⟶ □을(를) 이항하면
$3x=\boxed{}$
$\therefore x=\boxed{}$ ⟶ 양변을 □(으)로 나누면

(2) $4x+12=-2x$

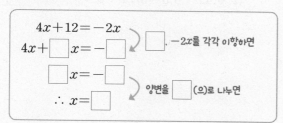

$4x+12=-2x$
$4x+\boxed{}x=-\boxed{}$ ⟶ □, $-2x$를 각각 이항하면
$\boxed{}x=-\boxed{}$
$\therefore x=\boxed{}$ ⟶ 양변을 □(으)로 나누면

(3) $2(x-4)=5x+1$

$2(x-4)=5x+1$
$2x-\boxed{}=5x+1$ ⟶ 괄호를 풀면
$2x-\boxed{}x=1+\boxed{}$ ⟶ □, $5x$를 각각 이항하면
$\boxed{}x=\boxed{}$
$\therefore x=\boxed{}$ ⟶ 양변 □(으)로 나누면

2 다음 일차방정식을 푸시오.

(1) $5x+7=-3$ _____

(2) $28-2x=5x$ _____

(3) $4x-1=x-16$ _____

(4) $-2x+9=6x-7$ _____

(5) $4(1-x)=7-5x$ _____

(6) $-3x=2(x+7)+6$ _____

(7) $11-5(x-1)=4-2x$ _____

(8) $3(4-5x)=x-2(3x+1)$ _____

17 복잡한 일차방정식의 풀이

다음 일차방정식을 푸시오.

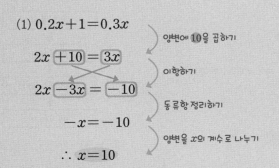

(1) $0.2x + 1 = 0.3x$

$2x + 10 = 3x$ 양변에 10을 곱하기

$2x - 3x = -10$ 이항하기

$-x = -10$ 동류항 정리하기

$\therefore x = 10$ 양변을 x의 계수로 나누기

계수가 소수인 경우 → 10의 거듭제곱!
양변에 $10, 100, 1000, \ldots$을 곱하여 계수를 모두 정수로!

(2) $\dfrac{1}{2}x - 1 = \dfrac{1}{3}x$

$3x - 6 = 2x$ 양변에 6을 곱하기

$3x - 2x = 6$ 이항하기

$\therefore x = 6$ 동류항 정리하기

계수가 분수인 경우
양변에 분모의 최소공배수를 곱하여 계수를 모두 정수로!

○ 익힘북 25쪽

계수가 소수일 때

1 다음은 주어진 일차방정식의 풀이 과정이다. □ 안에 알맞은 수를 쓰시오.

(1) $0.5x + 0.3 = 0.2x$

$0.5x + 0.3 = 0.2x$ 양변에 □을(를) 곱하면

$5x + \boxed{} = 2x$

$\boxed{}, 2x$를 각각 이항하면

$5x - \boxed{}x = -\boxed{}$

$\boxed{}x = -\boxed{}$

$\therefore x = \boxed{}$ 양변을 □(으)로 나누면

(2) $0.02x - 0.16 = 0.08$

$0.02x - 0.16 = 0.08$ 양변에 □을(를) 곱하면

$2x - \boxed{} = 8$

$\boxed{}$을(를) 이항하면

$\boxed{}x = 8 + \boxed{}$

$\boxed{}x = \boxed{}$

$\therefore x = \boxed{}$ 양변을 □(으)로 나누면

2 다음 일차방정식을 푸시오.

(1) $0.3x + 0.6 = 1.5$ _____

(2) $0.4x - 0.3 = 0.7x + 6$ _____

(3) $0.05x - 0.1 = 0.2x - 1$ _____

(4) $0.3x - 0.2 = 0.4(x + 3)$ _____

3 다음은 주어진 일차방정식의 풀이 과정이다. □ 안에 알맞은 것을 쓰시오.

(1) $\dfrac{1}{4}x - \dfrac{3}{2} = \dfrac{1}{2}x$

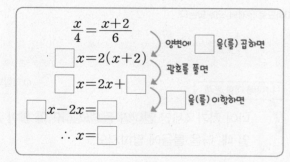

$$\dfrac{1}{4}x - \dfrac{3}{2} = \dfrac{1}{2}x$$

양변에 □ 을(를) 곱하면

$$x - \square = 2x$$

□, $2x$를 각각 이항하면

$$x - \square x = \square$$

$$\square x = \square$$

양변을 □ (으)로 나누면

$$\therefore x = \square$$

(2) $\dfrac{x}{4} = \dfrac{x+2}{6}$

$$\dfrac{x}{4} = \dfrac{x+2}{6}$$

양변에 □ 을(를) 곱하면

$$\square x = 2(x+2)$$

괄호를 풀면

$$\square x = 2x + \square$$

□ 을(를) 이항하면

$$\square x - 2x = \square$$

$$\therefore x = \square$$

4 다음 일차방정식을 푸시오.

(1) $\dfrac{1}{3}x + \dfrac{1}{2} = \dfrac{5}{2}$　—————

(2) $\dfrac{2x-3}{4} = \dfrac{5x+2}{8}$　—————

(3) $\dfrac{1}{3}x - 1 = \dfrac{2x+7}{5}$　—————

(4) $\dfrac{3}{2}x - \dfrac{1}{3} = \dfrac{1}{6}(x+6)$　—————

조금 더⁺ **계수에 소수와 분수가 모두 있을 때**

먼저 소수를 분수로 고친 후, 분모의 최소공배수를 양변에 곱하여 계수를 정수로 고치자!

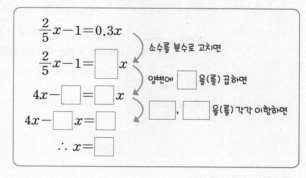

예 $\dfrac{1}{2}x = 0.3x + 0.1$ —소수를 분수로→ $\dfrac{1}{2}x = \dfrac{3}{10}x + \dfrac{1}{10}$ —(양변)×10→ $5x = 3x + 1$

5 다음은 일차방정식 $\dfrac{2}{5}x - 1 = 0.3x$의 풀이 과정이다. □ 안에 알맞은 것을 쓰시오.

$$\dfrac{2}{5}x - 1 = 0.3x$$

소수를 분수로 고치면

$$\dfrac{2}{5}x - 1 = \square\,x$$

양변에 □ 을(를) 곱하면

$$4x - \square = \square\,x$$

□, □ 을(를) 각각 이항하면

$$4x - \square x = \square$$

$$\therefore x = \square$$

6 다음 일차방정식을 푸시오.

(1) $\dfrac{3}{2}x + \dfrac{1}{5} = 0.7x$　—————

(2) $0.1x - \dfrac{1}{2} = 0.9$　—————

(3) $0.2x - 3 = \dfrac{1}{4}(x+2) + 1$　—————

(4) $0.3(x-1) = \dfrac{1}{6}x - \dfrac{1}{3}$　—————

일차방정식의 활용 (1) – 수, 나이

▶ 정답과 해설 22쪽

어떤 수의 3배에서 10을 뺀 수는 / 어떤 수의 2배일 때, 어떤 수를 구하시오.

❶ 미지수 정하기	어떤 수를 x라 하면 ➡ 어떤 수의 3배에서 10을 뺀 수는 $3x-10$, 어떤 수의 2배는 $2x$
❷ 방정식 세우기	어떤 수의 3배에서 10을 뺀 수는 어떤 수의 2배이므로 ➡ $3x-10=2x$
❸ 방정식 풀기	$3x-10=2x$에서 $3x-2x=10$ ∴ $x=10$ 따라서 구하는 어떤 수는 **10**이다.
❹ 확인하기	어떤 수가 10이면 $3\times10-10=2\times10$이므로 문제의 뜻에 맞는다.

◑ 익힘북 26쪽

[연속하는 수에 대한 문제]

1 연속하는 세 자연수의 합이 / 78일 때, 다음 물음에 답하시오.

(1) □ 안에 알맞은 식을 쓰시오.

> 연속하는 세 자연수 중 가운데 수를 x라 하면 세 자연수는 ➡ □ , x, □

(2) (1)을 이용하여 방정식을 세우시오.

(연속하는 세 자연수의 합) = □

➡ _____

(3) (2)에서 세운 방정식을 푸시오.

_____

(4) 세 자연수를 구하시오. _____

2 연속하는 세 홀수의 합이 / 147일 때, 세 홀수를 구하시오.

_____

[나이에 대한 문제]

3 나이 차가 4세인 언니와 동생의 나이의 합이 / 32세일 때, 다음 물음에 답하시오.

(1) □ 안에 알맞은 식을 쓰시오.

> 언니의 나이를 x세라 하면 동생의 나이는 ➡ (□)세

(2) (1)을 이용하여 방정식을 세우시오.

(언니의 나이) + (동생의 나이) = □ (세)

➡ _____

(3) (2)에서 세운 방정식을 푸시오.

_____

(4) 동생의 나이를 구하시오. _____

4 현재 아버지의 나이는 43세, 아들의 나이는 14세이다. 아버지의 나이가 / 아들의 나이의 2배가 되는 것은 몇 년 후인지 구하시오.

_____

일차방정식의 활용 (2) - 거리, 속력, 시간

▶정답과 해설 22쪽

집에서 도서관까지 갈 때는 시속 6 km로 뛰어가고, 올 때는 시속 3 km로 걸어왔더니 / 왕복 2시간이 걸렸다. 집에서 도서관까지의 거리를 구하시오.

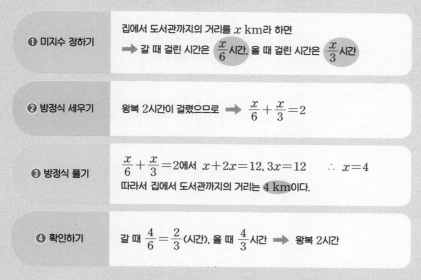

❶ 미지수 정하기
집에서 도서관까지의 거리를 x km라 하면
➡ 갈 때 걸린 시간은 $\dfrac{x}{6}$ 시간, 올 때 걸린 시간은 $\dfrac{x}{3}$ 시간

❷ 방정식 세우기
왕복 2시간이 걸렸으므로 ➡ $\dfrac{x}{6} + \dfrac{x}{3} = 2$

❸ 방정식 풀기
$\dfrac{x}{6} + \dfrac{x}{3} = 2$에서 $x + 2x = 12$, $3x = 12$ ∴ $x = 4$
따라서 집에서 도서관까지의 거리는 4 km이다.

❹ 확인하기
갈 때 $\dfrac{4}{6} = \dfrac{2}{3}$(시간), 올 때 $\dfrac{4}{3}$ 시간 ➡ 왕복 2시간

하자
- (속력)$= \dfrac{(거리)}{(시간)}$
- (시간)$= \dfrac{(거리)}{(속력)}$
- (거리)$=$(속력)$\times$(시간)
주어진 단위가 다르면 단위를 통일한 후에 식을 세워!

○익힘북 26쪽

1 수지가 등산을 하는데 올라갈 때는 시속 2 km로 걷고, 내려올 때는 같은 등산로를 시속 3 km로 걸어서 / 총 5시간이 걸렸다. 다음 물음에 답하시오.

(1) 올라갈 때 걸어간 거리를 x km라 할 때, 표를 완성하시오.

	올라갈 때	내려올 때
속력	시속 2 km	시속 3 km
거리	x km	x km
시간		

(2) (1)을 이용하여 방정식을 세우시오.

(올라갈 때 걸린 시간)+(내려올 때 걸린 시간) = ☐ **(시간)**

➡ _____

(3) (2)에서 세운 방정식을 푸시오.

_____

(4) 수지가 올라갈 때 걸어간 거리를 구하시오.

_____

2 동해의 두 지점 A, B 사이를 유람선으로 왕복하는데 갈 때는 시속 30 km로, 올 때는 시속 20 km로 운항하여 / 총 2시간 10분이 걸렸다. 두 지점 A, B 사이의 거리를 구하시오.

_____

3 지점 A에서 지점 B까지 자전거를 타고 왕복하는데 갈 때는 시속 15 km로, 올 때는 시속 10 km로 달려서 / 올 때는 갈 때보다 30분이 더 걸렸다. 다음 물음에 답하시오.

(1) 두 지점 A, B 사이의 거리를 x km라 할 때, 표를 완성하시오.

	갈 때	올 때
속력	시속 15 km	시속 10 km
거리	x km	x km
시간		

(2) (1)을 이용하여 방정식을 세우시오.

(올 때 걸린 시간) − (갈 때 걸린 시간) = ☐ **(시간)**

➡ _____

(3) (2)에서 세운 방정식을 푸시오.

_____

(4) 두 지점 A, B 사이의 거리를 구하시오.

_____

4 찬우가 집에서 영화관까지 가는데 시속 12 km로 자전거를 타고 가면 같은 길을 시속 4 km로 걸어서 가는 것보다 / 20분 빨리 도착한다고 한다. 집에서 영화관까지의 거리를 구하시오.

_____

1 다음을 기호 $\times$, $\div$를 생략한 식으로 나타내시오.

(1) $y \times (-0.1) \times x \times a$ _____

(2) $9 \times x - y \times 7$ _____

(3) $x \div 5 \div y \div z$ _____

(4) $\frac{1}{3} \times (a+b) \div 8$ _____

2 다음을 구하시오.

(1) $a = -3$일 때, $a^2 - 3a$의 값 _____

(2) $x = 4$, $y = -1$일 때, $\dfrac{x-2y}{2x+y}$의 값

_____

(3) $a = -\dfrac{1}{2}$, $b = \dfrac{1}{3}$일 때, $8a + 9b$의 값

_____

(4) $x = \dfrac{1}{4}$, $y = -\dfrac{1}{6}$일 때, $-\dfrac{7}{x} - \dfrac{5}{y}$의 값

_____

3 다항식 $3x - 8x^2 + 10$에서 다음을 구하시오.

(1) 항 _____

(2) 상수항 _____

(3) x의 계수 _____

(4) x^2의 계수 _____

(5) 다항식의 차수 _____

4 다음 식을 계산하시오.

(1) $\dfrac{5}{4}x \times (-6)$ _____

(2) $(-9y) \div \dfrac{3}{5}$ _____

(3) $\dfrac{3}{2}(-6a+4)$ _____

(4) $(12y+8) \div \left(-\dfrac{4}{7}\right)$ _____

5 다음 식을 계산하시오.

(1) $2(2x-4) + 5(-3x+1)$ _____

(2) $\dfrac{3}{4}(4x+8) - \dfrac{2}{3}(6x-9)$ _____

(3) $9(-x+3) + \dfrac{1}{5}(10x-15)$ _____

(4) $\dfrac{5x+6}{3} - \dfrac{7x+8}{2}$ _____

6 다음을 등식으로 나타내시오.

(1) 어떤 수 x의 2배에서 9를 뺀 값은 x의 4배에 16을 더한 값과 같다.

_____

(2) 1개에 600원인 사탕 x개를 사고 5000원을 냈더니 거스름돈으로 200원을 받았다.

_____

(3) 가로의 길이가 $x\,\text{cm}$, 세로의 길이가 $(x+3)\text{cm}$인 직사각형의 둘레의 길이는 $30\,\text{cm}$이다.

_____

7 다음 [ ] 안의 수가 주어진 방정식의 해이면 ○표, 해가 아니면 ×를 ( ) 안에 쓰시오.

(1) $11x - 9 = 6(x+1)$ [3] ( )

(2) $-4x + 1 = \dfrac{3}{2}x$ $\left[-\dfrac{1}{2} \right]$ ( )

(3) $\dfrac{1}{3}x - 1 = \dfrac{1}{6}(x+2)$ [8] ( )

8 다음 등식이 x에 대한 항등식이 되도록 하는 상수 a, b의 값을 각각 구하시오.

(1) $ax - b = 5x + 8$ _____

(2) $2ax - 9 = -6x - b$ _____

(3) $-bx + 15 = 7x + 3a$ _____

9 다음 중 옳은 것은 ○표, 옳지 <u>않은</u> 것은 ×표를 ( ) 안에 쓰시오.

(1) $\dfrac{a}{2} = b$이면 $a + 2b = 0$이다. ( )

(2) $3a = 4b$이면 $\dfrac{a}{4} + \dfrac{b}{3} = 0$이다. ( )

(3) $2 - a = 2 + b$이면 $a + b = 0$이다. ( )

10 다음 보기에서 일차방정식을 모두 고르시오.

> 보기
> ㄱ. $-x + 2 = 3x - 4$
> ㄴ. $2x - 10 = 2(x - 5)$
> ㄷ. $x^2 + 3x - 4 = -3x + x^2$
> ㄹ. $x(x+1) = x^2 - 2$

_____

11 다음 일차방정식을 푸시오.

(1) $7x - 10 = 2x + 15$ _____

(2) $-3(x-4) = 9x + 8$ _____

(3) $0.15x + 1 = 0.1(2 + x)$ _____

(4) $3x - \dfrac{7}{5} = \dfrac{3}{2}x + 4$ _____

(5) $\dfrac{4x - 10}{3} = \dfrac{-x + 4}{6}$ _____

(6) $\dfrac{2}{3}(x-2) = 0.4x - \dfrac{3}{5}$ _____

12 연속하는 세 짝수의 합이 174일 때, 가장 큰 짝수를 구하시오.

_____

13 할머니의 나이가 77세, 손자의 나이가 14세이다. 할머니의 나이가 손자의 나이의 4배가 되는 것은 몇 년 후인지 구하시오.

_____

14 승아가 지점 A에서 지점 B까지 시속 48 km로 자동차를 타고 가면 같은 길을 시속 12 km로 자전거를 타고 가는 것보다 30분 더 빨리 도착한다고 한다. 두 지점 A, B 사이의 거리를 구하시오.

_____

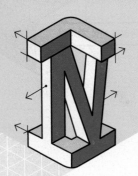

좌표평면과 그래프

1 좌표와 그래프
2 정비례와 반비례

개념
CHECK

IV·1 좌표와 그래프

❶ 순서쌍과 좌표

(1) 수직선 위의 점의 좌표

① 수직선 위의 한 점에 대응하는 수를 그 점의 좌표라 한다.

② 점 P의 좌표가 a일 때 ➡ 기호 P(a)

(2) 좌표평면 위의 점의 좌표

① 좌표평면: 좌표축이 정해져 있는 평면

② 순서쌍: 순서를 정하여 두 수를 짝 지어 나타낸 것

③ 좌표평면 위의 점 P의 x좌표가 a, y좌표가 b일 때 ➡ 기호 P(a, b)

> 순서쌍 (1, 2)와 순서쌍 (2, 1)은 다른 점이야!

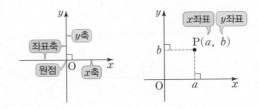

참고 좌표축 위의 점의 좌표
· x축 위의 점 ➡ (x좌표, 0)
· y축 위의 점 ➡ (0, y좌표)
· 원점 ➡ (0, 0)

❷ 사분면

좌표평면은 좌표축에 의해 네 부분으로 나뉘는데, 그 각각을 제1사분면, 제2사분면, 제3사분면, 제4사분면이라 한다.

주의 좌표축 위의 점은 어느 사분면에도 속하지 않는다.
↳ x축 위의 점, y축 위의 점, 원점

❸ 그래프와 그 해석

(1) 변수: x, y와 같이 여러 가지로 변하는 값을 나타내는 문자

(2) 그래프: 두 변수 x, y의 순서쌍 (x, y)를 좌표평면 위에 모두 나타낸 것

(3) 그래프의 이해: 두 양 사이의 관계를 좌표평면 위에 그래프로 나타내면 두 양의 변화 관계를 알 수 있다.

예 다음 그래프는 자동차의 속력의 변화를 시간에 따라 나타내고, 속력의 변화를 해석한 것이다.

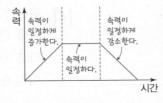

그래프 모양	/	—	\
속력	일정하게 증가한다.	일정하다.	일정하게 감소한다.

참고 그래프는 곡선으로도 나타난다.

왼쪽 여백:

➡ P(❶)

· 점 (3, −1)의
➡ x좌표는 ❷ , y좌표는 ❸

	x좌표의 부호	y좌표의 부호
제1사분면	+	❹
제2사분면	❺	+
제3사분면	❻	❼
제4사분면	❽	−

Ⅳ·2 정비례와 반비례

❶ 정비례 관계와 그 그래프

(1) 정비례: 두 변수 x, y에 대하여 x의 값이 2배, 3배, 4배, …로 변함에 따라 y의 값도 2배, 3배, 4배, …로 변하는 관계가 있을 때, y는 x에 정비례한다고 한다.

(2) 정비례 관계식: y가 x에 정비례하면 x와 y 사이의 관계식은 $y=ax(a\neq0)$로 나타낼 수 있다.

> 참고 y가 x에 정비례할 때, $\dfrac{y}{x}$ $(x\neq0)$의 값은 항상 일정하다.

(3) 정비례 관계 $y=ax(a\neq0)$의 그래프의 성질

x의 값의 범위가 수 전체일 때, 정비례 관계 $y=ax(a\neq0)$의 그래프는 원점을 지나는 직선이다.

	$a>0$일 때	$a<0$일 때
$y=ax$의 그래프		
지나는 사분면	제 1 사분면, 제 3 사분면	제 2 사분면, 제 4 사분면
그래프의 모양	오른쪽 위로 향하는 직선	오른쪽 아래로 향하는 직선
증가, 감소 상태	x의 값이 커지면 y의 값도 커진다.	x의 값이 커지면 y의 값은 작아진다.

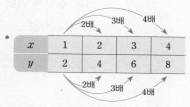

	2배	3배	4배
x	1	2	3	4
y	2	4	6	8

➡ y는 x에 ⑨ [   ]한다.

❷ 반비례 관계와 그 그래프

(1) 반비례: 두 변수 x, y에 대하여 x의 값이 2배, 3배, 4배, …로 변함에 따라 y의 값이 $\dfrac{1}{2}$배, $\dfrac{1}{3}$배, $\dfrac{1}{4}$배, …로 변하는 관계가 있을 때, y는 x에 반비례한다고 한다.

(2) 반비례 관계식: y가 x에 반비례하면 x와 y 사이의 관계식은 $y=\dfrac{a}{x}(a\neq0)$로 나타낼 수 있다.

> 참고 y가 x에 반비례할 때, xy의 값은 일정하다.

(3) 반비례 관계 $y=\dfrac{a}{x}(a\neq0)$의 그래프의 성질

x의 값의 범위가 0이 아닌 수 전체일 때, 반비례 관계 $y=\dfrac{a}{x}(a\neq0)$의 그래프는 좌표축에 가까워지면서 한없이 뻗어 나가는 한 쌍의 매끄러운 곡선이다.

> ↪ x축, y축과 만나지 않는다.

	$a>0$일 때	$a<0$일 때
$y=\dfrac{a}{x}$의 그래프		
지나는 사분면	제 1 사분면, 제 3 사분면	제 2 사분면, 제 4 사분면

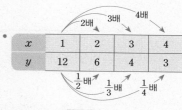

	2배	3배	4배
x	1	2	3	4
y	12	6	4	3

➡ y는 x에 ⑩ [   ]한다.

정답

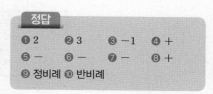

❶ 2   ❷ 3   ❸ −1   ❹ +
❺ −   ❻ −   ❼ −   ❽ +
❾ 정비례   ⑩ 반비례

순서쌍과 좌표

▶정답과 해설 25쪽

다음 수직선 위의 두 점 A, B의 좌표를 각각 기호로 나타내시오.

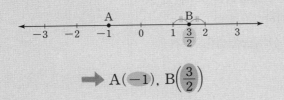

$$\Rightarrow A(-1), B\left(\frac{3}{2}\right)$$

다음 좌표평면 위의 점 A의 좌표를 기호로 나타내시오.

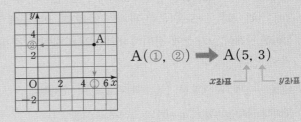

$$A(①, ②) \Rightarrow A(5, 3)$$

x좌표 ⟵ ⟶ y좌표

◐익힘북 27쪽

1 다음 수직선 위의 세 점 A, B, C의 좌표를 각각 기호로 나타내시오.

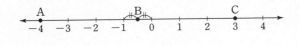

_____

2 세 점 P(-3), Q(1), R(2.5)를 다음 수직선 위에 각각 나타내시오.

$$\leftarrow\!\!\!-4\quad-3\quad-2\quad-1\quad0\quad1\quad2\quad3\quad4\!\!\!\rightarrow$$

3 다음 좌표평면 위의 네 점 A, B, C, D의 좌표를 각각 기호로 나타내시오.

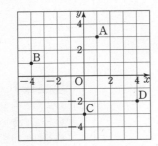

_____

4 다음 순서쌍을 좌표로 하는 점을 좌표평면 위에 순서대로 나타내고 선분으로 연결하시오.

$$(0, 4) \rightarrow (-2, 2) \rightarrow (-4, 2) \rightarrow (-2, 0) \rightarrow$$
$$(-4, -3) \rightarrow (0, -2) \rightarrow (4, -3) \rightarrow (2, 0) \rightarrow$$
$$(4, 2) \rightarrow (2, 2) \rightarrow (0, 4)$$

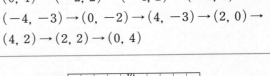

조금 더⁺ 좌표축 위의 점의 좌표

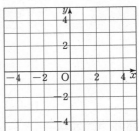

- 원점의 좌표 ➡ $(0, 0)$
- x축 위의 점의 좌표 ➡ $(x$좌표$, 0)$ ⟵ y좌표가 0
- y축 위의 점의 좌표 ➡ $(0, y$좌표$)$ ⟵ x좌표가 0

5 다음 점의 좌표를 구하시오.

(1) 원점 _____

(2) x축 위에 있고, x좌표가 5인 점 _____

(3) y축 위에 있고, y좌표가 1인 점 _____

2 사분면

다음 네 점 A, B, C, D를 좌표평면 위에 나타내고, 제몇 사분면 위의 점인지 구하시오.

(1) A(2, 2)　　(2) B(−2, 2)　　(3) C(−2, −2)　　(4) D(2, −2)

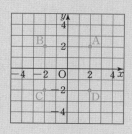

→

점 A는 제 1 사분면 위의 점

점 B는 제 2 사분면 위의 점

점 C는 제 3 사분면 위의 점

점 D는 제 4 사분면 위의 점

기억하자

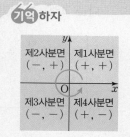

좌표축 위의 점은 어느 사분면에도 속하지 않아.

○ 익힘북 27쪽

1 다음 점을 좌표평면 위에 나타내고, 제몇 사분면 위의 점인지 구하시오.

(1) A(4, 1)

―――――――

(2) B(−1, −4)

―――――――

(3) C(−3, 2)

(4) D(1, −1)

―――――――

2 다음 보기의 점에 대하여 물음에 답하시오.

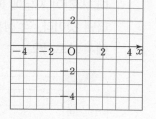

보기

ㄱ. A(6, −1)　　ㄴ. B(−4, −2)

ㄷ. C(0, 1)　　ㄹ. D(−2, 4)

ㅁ. E(−4, −4)　　ㅂ. F(−5, 0)

(1) 제3사분면 위의 점을 모두 고르시오.

―――――――

(2) 어느 사분면에도 속하지 않는 점을 모두 고르시오.

―――――――

3 좌표평면 위의 점 P(a, b)가 제2사분면 위의 점일 때, 다음 □ 안에 알맞은 것을 쓰시오.

(1) 점 P(a, b)가 제2사분면 위의 점이므로

➡ 점 P의 좌표의 부호는 (−, ☐)

(2) A(b, a)

➡ 점 A(b, a)의 좌표의 부호는 (☐, ☐)

➡ 점 A는 제 ☐ 사분면 위의 점이다.

(3) B(−a, b)

➡ 점 B(−a, b)의 좌표의 부호는 (☐, ☐)

➡ 점 B는 제 ☐ 사분면 위의 점이다.

(4) C(−a, −b)

➡ 점 C(−a, −b)의 좌표의 부호는 (☐, ☐)

➡ 점 C는 제 ☐ 사분면 위의 점이다.

(5) D(2a, 2b)

➡ 점 D(2a, 2b)의 좌표의 부호는 (☐, ☐)

➡ 점 D는 제 ☐ 사분면 위의 점이다.

그래프의 이해

▶정답과 해설 26쪽

다음 그래프는 경비행기의 고도를 시간에 따라 나타낸 것이다. 이 그래프의 고도의 변화를 해석하시오.

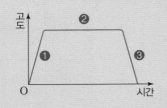

❶ 고도가 높아질 때
➡ 그래프의 모양은 오른쪽 위로 향한다.
❷ 고도가 변함없을 때
➡ 그래프의 모양은 수평이다.
❸ 고도가 낮아질 때
➡ 그래프의 모양은 아래로 향한다.

그래프 모양	/	—	\
고도	높아진다.	변함없다.	낮아진다.

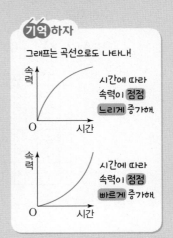

기억하자

그래프는 곡선으로도 나타나!

시간에 따라 속력이 점점 느리게 증가해.

시간에 따라 속력이 점점 빠르게 증가해.

◎익힘북 28쪽

1 다음 상황을 읽고, 은수가 달린 속력을 시간에 따라 나타낸 그래프로 가장 알맞은 것을 보기에서 고르시오.

> 은수는 체력 단련을 위해 러닝머신 위에서 뛰었다. 처음에는 일정하게 속력을 올리며 뛰다가 원하던 속력에 이르는 순간부터 일정하게 속력을 유지하며 뛰었다.

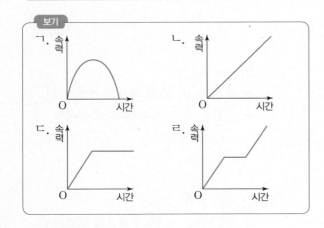

2 다음 보기의 그래프는 각각의 양초에 불을 붙였을 때, 시간이 지남에 따라 남아 있는 양초의 길이를 나타낸 것이다. 각 상황에 가장 알맞은 그래프를 보기에서 고르시오.

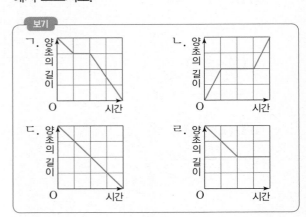

(1) 양초를 절반만 태웠다.

_____

(2) 양초를 다 태웠다.

_____

(3) 양초를 태우는 도중에 멈추었다가 잠시 후 남은 양초를 다 태웠다.

_____

3 다음 보기와 같은 그래프는 주어진 물통에 일정한 속력으로 물을 넣을 때 물의 높이를 시간에 따라 나타낸 것이다. 각 물통에 가장 알맞은 그래프를 보기에서 고르시오.

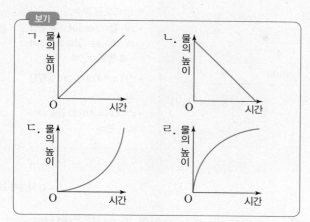

(1)

_____

(2)

_____

(3)

_____

TIP **좌표가 주어지는 경우 그래프의 해석**

❶ 그래프에서 x축과 y축이 각각 무엇을 나타내는지 확인한다.

❷ 그래프에서 좌표를 읽어 그 그래프를 해석한 후 필요한 값을 구한다.

4 오른쪽 그래프는 민아가 집에서 출발하여 학교에 도착할 때까지 집에서 떨어진 거리를 시간에 따라 나타낸 것이다. 다음 물음에 답하시오.

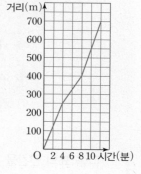

(1) 민아가 집에서 학교까지 가는 데 걸린 시간을 구하시오.

_____

(2) 처음 4분 동안 민아가 걸은 거리를 구하시오.

_____

5 경수는 자동차를 타고 집을 출발하여 생태 공원에 들렀다가 휴게소에서 점심을 먹고 집으로 돌아왔다. 다음 그래프는 집에서 떨어진 거리를 시각에 따라 나타낸 것이다. 물음에 답하시오. (단, 집에서 생태 공원까지의 길은 직선이다.)

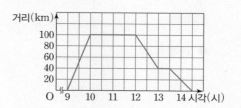

(1) 집에서 생태 공원까지의 거리를 구하시오.

_____

(2) 생태 공원에 머문 시간을 구하시오.

_____

(3) 생태 공원에서 휴게소까지의 거리를 구하시오.

_____

4 정비례 관계

▶정답과 해설 26쪽

한 개에 1000원인 아이스크림 x개를 사고 지불한 금액이 y원이라 하자.
이때 x와 y 사이의 관계를 표로 나타내면 다음과 같다.

$\times 1000$

x	1	2	3	4	⋯
y	1000	2000	3000	4000	⋯

➡ y는 x에 **정비례한다.**

$$\frac{y}{x} = \frac{1000}{1} = \frac{2000}{2} = \frac{3000}{3} = \frac{4000}{4} = \cdots = 1000 \,(일정)$$

➡ x와 y 사이의 관계식은 $y=1000x$

● 정비례 관계 ●
• x의 값이 2배, 3배 ⋯로 변함에 따라 y의 값도 2배, 3배 ⋯로 변하는 관계
• $\frac{y}{x}\,(x \neq 0)$의 값이 일정한 관계
• $y=ax\,(a \neq 0)$의 꼴로 나타나는 관계

◎익힘북 29쪽

1 다음 표의 빈칸을 알맞게 채우고, x와 y 사이의 관계식을 구하시오.

(1) 두께가 4 mm인 공책 x권을 쌓아 올렸을 때의 전체 높이는 y mm이다.

x	1	2	3	4	5	⋯
y						⋯

➡ 관계식: _____

(2) 초속 2 m의 속력으로 x초 동안 이동한 거리는 y m이다.

x	1	2	3	4	5	⋯
y						⋯

➡ 관계식: _____

(3) 1 g에 9 kcal의 열량을 얻을 수 있는 지방을 x g 섭취했을 때, 얻을 수 있는 열량은 y kcal이다.

x	1	2	3	4	5	⋯
y						⋯

➡ 관계식: _____

2 다음에서 x와 y 사이의 관계식을 구하시오.

(1) 한 변의 길이가 x cm인 정삼각형의 둘레의 길이는 y cm이다.

_____

(2) 한 자루에 500원인 연필 x자루의 가격은 y원이다.

_____

(3) 어느 댐이 수문을 열어 1초에 800 t의 물을 방류할 때, x초 동안 방류한 물의 양은 y t이다.

_____

3 다음에서 x와 y 사이의 관계식을 구하시오.

(1) y가 x에 정비례하고, $x=2$일 때 $y=10$이다.

_____

(2) y가 x에 정비례하고, $x=3$일 때 $y=-12$이다.

_____

(3) y가 x에 정비례하고, $x=6$일 때 $y=-4$이다.

6 정비례 관계의 활용

▶ 정답과 해설 26쪽

민주가 일정한 속력으로 자전거를 타고 1분에 500 m씩 달린다고 한다. 15분 동안 몇 m를 갈 수 있는지 구하시오.

❶ 변수 정하기
자전거를 타고 x분 동안 간 거리를 y m라 하자.

❷ 관계식 세우기
1분에 500 m씩 달리므로 x분 동안 $500x$ m를 갈 수 있다.
➡ x와 y 사이의 관계식은 $\underline{y=500x}$

❸ 구하는 값 찾기
$y=500x$에 $x=15$를 대입하면 $y=500\times15=7500(\text{m})$
따라서 15분 동안 7500 m를 갈 수 있다.

● 관계식 세우기 ●
정비례 관계이면
➡ $y=ax$의 꼴

○익힘북 29쪽

1 빈 물통에 매분 2 L씩 물을 채우고 있다. x분 후 물통 안에 있는 물의 양을 y L라 할 때, 다음 물음에 답하시오.

(1) 다음 표를 완성하시오.

x	1	2	3	4	…
y					…

(2) x와 y 사이의 관계식을 구하시오.

_____

(3) 물을 넣기 시작한 지 14분 후 물통 안에 있는 물의 양을 구하시오.

_____

2 어떤 양초에 불을 붙이면 매분 0.5 cm씩 탄다고 한다. 불을 붙인 지 x분 후 줄어든 양초의 길이를 y cm라 할 때, 다음 물음에 답하시오.

(1) x와 y 사이의 관계식을 구하시오.

_____

(2) 불을 붙인 지 6분 후 줄어든 양초의 길이를 구하시오.

_____

3 1 L의 휘발유로 12 km를 달릴 수 있는 자동차가 있다. x L의 휘발유로 달릴 수 있는 거리를 y km라 할 때, 다음 물음에 답하시오.

(1) 다음 표를 완성하시오.

x	1	2	3	4	…
y					…

(2) x와 y 사이의 관계식을 구하시오.

_____

(3) 144 km 떨어진 장소에 가려고 할 때, 필요한 휘발유의 양을 구하시오.

_____

4 걷기 운동을 하면 1분에 3 kcal의 열량이 소모된다고 한다. 걷기 운동을 x분 동안 하였더니 y kcal의 열량이 소모되었다고 할 때, 다음 물음에 답하시오.

(1) x와 y 사이의 관계식을 구하시오.

_____

(2) 60 kcal의 열량을 소모하려면 걷기 운동을 몇 분 동안 해야 하는지 구하시오.

_____

정비례 관계 $y=ax\,(a\neq0)$의 그래프

▶ 정답과 해설 27쪽

x의 값이 다음과 같을 때, 정비례 관계 $y=2x$의 그래프를 각각 그리시오.

(1) x의 값이 $-2,\ -1,\ 0,\ 1,\ 2$일 때

x	-2	-1	0	1	2
y	-4	-2	0	2	4

순서쌍: $(-2,-4),(-1,-2),(0,0),(1,2),(2,4)$

좌표평면 위에 나타내면 →

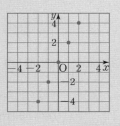

주어진 x의 값의 수만큼 점이 찍혀!

(2) x의 값의 범위가 수 전체일 때

점이 무수히 많아져.

x의 값의 범위를 수 전체로 확장하면

$y=2x$의 그래프는 원점 O를 지나는 직선이다.

(1)의 그래프의 점을 직선으로 연결하면 →

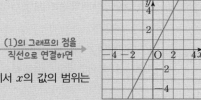

참고 특별한 말이 없으면 정비례 관계 $y=ax(a\neq0)$에서 x의 값의 범위는 수 전체로 생각한다.

원점 O와 그래프가 지나는 다른 한 점을 찾아 직선으로 연결하면 그리기 쉬워!

○ 익힘북 30쪽

1 다음 정비례 관계에 대하여 x의 값이 $-2,\ -1,\ 0,\ 1,$ 2일 때, 표를 완성하고, 정비례 관계의 그래프를 좌표평면 위에 그리시오.

(1) $y=x$

x	-2	-1	0	1	2
y					

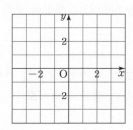

(2) $y=-x$

x	-2	-1	0	1	2
y					

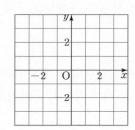

2 다음은 x의 값의 범위가 수 전체일 때, 각 정비례 관계의 그래프가 지나는 두 점의 좌표를 나타낸 것이다. □ 안에 알맞은 수를 쓰고, 정비례 관계의 그래프를 좌표평면 위에 그리시오.

(1) $y=-2x$

➡ $(0,\ \square),\ (1,\ \square)$

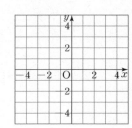

(2) $y=3x$

➡ $(0,\ \square),\ (1,\ \square)$

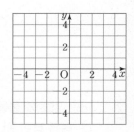

(3) $y=\dfrac{1}{2}x$

➡ $(0,\ \square),\ (2,\ \square)$

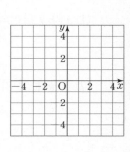

3 다음 정비례 관계의 그래프가 지나는 사분면을 쓰시오.

(1) $y = 5x$

_____

(2) $y = -7x$

_____

(3) $y = \dfrac{1}{3}x$

_____

(4) $y = -\dfrac{5}{4}x$

_____

4 다음 점이 정비례 관계 $y = -4x$의 그래프 위에 있으면 ○표, 그래프 위에 있지 않으면 ×표를 ( ) 안에 쓰시오.

(1) $(2, 8)$

➡ $y = -4x$에 $x = \boxed{}$, $y = \boxed{}$을 대입 ( )

(2) $(-1, 4)$　　　　　　　　　　　　( )

(3) $(0, 4)$　　　　　　　　　　　　( )

(4) $\left(\dfrac{1}{2}, -2\right)$　　　　　　　　　　( )

(5) $\left(-3, \dfrac{4}{3}\right)$　　　　　　　　　　( )

조금 더⁺ **그래프가 주어질 때, 상수 a의 값 구하기**

정비례 관계 $y = ax$의 그래프 위의 한 점의 좌표를 $y = ax$에 대입하면 상수 a의 값을 구할 수 있어.

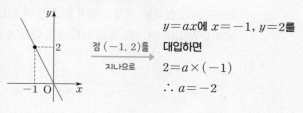

점 $(-1, 2)$를 지나므로 →

$y = ax$에 $x = -1$, $y = 2$를 대입하면

$2 = a \times (-1)$

$\therefore a = -2$

5 정비례 관계 $y = ax$의 그래프가 다음과 같을 때, 상수 a의 값을 구하시오.

(1)

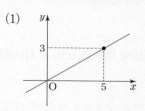

_____

(2)

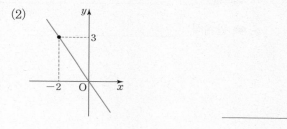

_____

(3)

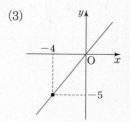

_____

(4)

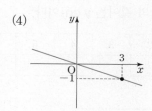

_____

반비례 관계

▶ 정답과 해설 28쪽

180쪽인 소설책을 매일 x쪽씩 읽으면 다 읽는 데 y일이 걸린다고 한다. 이때 x와 y 사이의 관계를 표로 나타내면 다음과 같다.

$180÷$

x	1	2	3	4	...	180
y	180	90	60	45	...	1

$$xy=1×180=2×90=3×60$$
$$=4×45=\cdots=180×1=180\,(일정)$$

➡ y는 x에 **반비례한다.**

➡ x와 y 사이의 관계식은 $y=\dfrac{180}{x}$

● 반비례 관계 ●
- x의 값이 2배, 3배, ⋯로 변함에 따라 y의 값은 $\dfrac{1}{2}$배, $\dfrac{1}{3}$배, ⋯로 변하는 관계
- xy의 값이 일정한 관계
- $y=\dfrac{a}{x}\,(a≠0)$의 꼴로 나타나는 관계

○익힘북 30쪽

1 다음 표의 빈칸을 알맞게 채우고, x와 y 사이의 관계식을 구하시오.

(1) 무게가 60 kg인 쌀을 x kg씩 봉지에 나누어 담으면 y봉지가 생긴다.

x	1	2	3	4	...	60
y					...	

➡ 관계식: _____

(2) 길이가 120 cm인 종이테이프를 x cm씩 자르면 y도막이 생긴다.

x	1	2	3	4	...	120
y					...	

➡ 관계식: _____

(3) 넓이가 24 cm²인 직사각형의 가로의 길이가 x cm일 때, 세로의 길이는 y cm이다.

x	1	2	3	4	5	...
y						...

➡ 관계식: _____

2 다음에서 x와 y 사이의 관계식을 구하시오.

(1) 우유 4 L를 x명이 똑같이 나누어 마실 때, 한 명이 마시는 우유의 양은 y L이다.

_____

(2) 자동차가 시속 x km로 y시간 동안 달린 거리는 40 km이다.

_____

(3) 귤 30개를 x개의 접시에 y개씩 똑같이 나누어 담는다.

_____

3 다음에서 x와 y 사이의 관계식을 구하시오.

(1) y가 x에 반비례하고, $x=4$일 때 $y=8$이다.

_____

(2) y가 x에 반비례하고, $x=2$일 때 $y=-7$이다.

_____

(3) y가 x에 반비례하고, $x=-6$일 때 $y=-3$이다.

_____

반비례 관계의 활용

▶ 정답과 해설 28쪽

서연이는 집에서 900 m 떨어진 학교까지 걸어서 가려고 한다. 분속 150 m로 걸어 가면 몇 분이 걸리는지 구하시오.

❶ 변수 정하기 | 900 m의 거리를 분속 x m로 가면 y분이 걸린다고 하자.

❷ 관계식 세우기 | (시간)$=\dfrac{(거리)}{(속력)}$이므로 x와 y 사이의 관계식은 $y=\dfrac{900}{x}$

❸ 구하는 값 찾기 | $y=\dfrac{900}{x}$에 $x=150$을 대입하면 $y=\dfrac{900}{150}=6$(분)
따라서 분속 150 m로 가면 6분이 걸린다.

● 관계식 세우기 ●
반비례 관계이면
➡ $y=\dfrac{a}{x}$ 의 꼴

○익힘북 31쪽

1 일정한 온도에서 기체의 부피 y mL는 압력 x기압에 반비례한다. 어떤 기체의 부피가 12 mL일 때, 압력은 1기압이었다. 다음 물음에 답하시오.

(1) x와 y 사이의 관계식을 구하시오.
_____

(2) 압력이 4기압일 때, 이 기체의 부피를 구하시오.
_____

2 27개의 사탕을 x명이 똑같이 나누어 가지면 1명당 y개씩 가질 수 있을 때, 다음 물음에 답하시오.

(1) x와 y 사이의 관계식을 구하시오.
_____

(2) 9명이 똑같이 나누어 가지려면 1명당 몇 개씩 가질 수 있는지 구하시오.
_____

3 지수는 집에서 160 km 떨어진 계곡으로 여행을 가려고 한다. 자동차를 타고 시속 x km로 달리면 y시간이 걸린다고 할 때, 다음 물음에 답하시오.

(1) x와 y 사이의 관계식을 구하시오.
_____

(2) 집에서 계곡까지 가는 데 2시간이 걸렸다면 시속 몇 km로 달린 것인지 구하시오.
_____

4 서로 맞물려 돌아가는 두 톱니바퀴 A, B가 있다. 톱니의 수가 20개인 톱니바퀴 A가 1분에 3번 회전할 때, 톱니의 수가 x개인 톱니바퀴 B는 1분에 y번 회전한다고 한다. 다음 물음에 답하시오.

(1) x와 y 사이의 관계식을 구하시오.
_____

(2) 톱니바퀴 B가 1분에 5번 회전할 때, 톱니바퀴 B의 톱니는 모두 몇 개인지 구하시오.
_____

반비례 관계 $y=\dfrac{a}{x}\,(a\neq0)$의 그래프

▶ 정답과 해설 28쪽

x의 값이 다음과 같을 때, 반비례 관계 $y=\dfrac{6}{x}$의 그래프를 각각 그리시오.

(1) x의 값이 $-6,\ -3,-2,-1,\ 1,\ 2,\ 3,\ 6$일 때

x	-6	-3	-2	-1	1	2	3	6
y	-1	-2	-3	-6	6	3	2	1

좌표평면 위에
나타내면 →

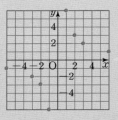

주어진 x의 값의
수만큼 점이 찍혀!

순서쌍: $(-6,-1),(-3,-2),(-2,-3),(-1,-6),$
$(1,6),(2,3),(3,2),(6,1)$

(2) x의 값의 범위가 0이 아닌 수 전체일 때

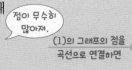
점이 무수히
많아져.

x의 값의 범위를 0이 아닌 수 전체로 확장하면

$y=\dfrac{6}{x}$의 그래프는 한 쌍의 매끄러운 곡선이다.

(1)의 그래프의 점을
곡선으로 연결하면

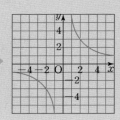

x, y의 값이 모두
정수인 점을 여러 개 찾
아 매끄러운 곡선으로 연결
하면 그리기 쉬워!

◎익힘북 31쪽

1 다음 반비례 관계에 대하여 x의 값이 $-4,\ -2,\ -1,$ $1,\ 2,\ 4$일 때, 표를 완성하고, 반비례 관계의 그래프를 좌표평면 위에 그리시오.

(1) $y=\dfrac{4}{x}$

x	-4	-2	-1	1	2	4
y						

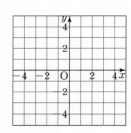

(2) $y=-\dfrac{4}{x}$

x	-4	-2	-1	1	2	4
y						

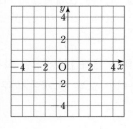

2 다음은 x의 값의 범위가 0이 아닌 수 전체일 때, 각 반비례 관계의 그래프가 지나는 네 점의 좌표를 나타낸 것이다. □ 안에 알맞은 수를 쓰고, 반비례 관계의 그래프를 좌표평면 위에 그리시오.

(1) $y=-\dfrac{6}{x}$

➡ $(2,\ \square),\ (3,\ \square),$
$(-2,\ \square),\ (-3,\ \square)$

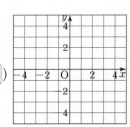

(2) $y=\dfrac{3}{x}$

➡ $(1,\ \square),\ (3,\ \square),$
$(-1,\ \square),\ (-3,\ \square)$

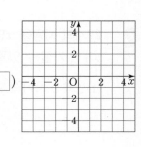

(3) $y=-\dfrac{8}{x}$

➡ $(2,\ \square),\ (4,\ \square),$
$(-2,\ \square),\ (-4,\ \square)$

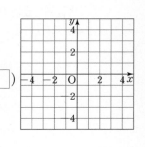

3 다음 반비례 관계의 그래프가 지나는 사분면을 쓰시오.

(1) $y = \dfrac{5}{x}$ _____

(2) $y = -\dfrac{3}{x}$ _____

(3) $y = \dfrac{8}{x}$ _____

(4) $y = -\dfrac{7}{x}$ _____

4 다음 점이 반비례 관계 $y = \dfrac{12}{x}$의 그래프 위에 있으면 ○표, 그래프 위에 있지 않으면 ×표를 ( ) 안에 쓰시오.

(1) $(2, -6)$

➡ $y = \dfrac{12}{x}$에 $x = \boxed{}$, $y = \boxed{}$ 을 대입 ( )

(2) $(-4, -3)$ ( )

(3) $(-1, 12)$ ( )

(4) $(6, 2)$ ( )

(5) $\left(3, \dfrac{1}{4}\right)$ ( )

조금 **더**⁺ **그래프가 주어질 때, 상수 a의 값 구하기**

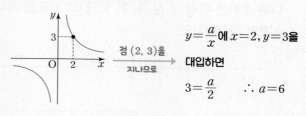

반비례 관계 $y = \dfrac{a}{x}$의 그래프 위의 한 점의 좌표를 $y = \dfrac{a}{x}$에 대입하면 상수 a의 값을 구할 수 있어.

점 $(2, 3)$을 지나므로 → $y = \dfrac{a}{x}$에 $x = 2$, $y = 3$을 대입하면

$3 = \dfrac{a}{2}$ ∴ $a = 6$

5 반비례 관계 $y = \dfrac{a}{x}$의 그래프가 다음과 같을 때, 상수 a의 값을 구하시오.

(1)

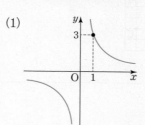

_____

(2)

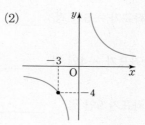

_____

(3)

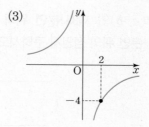

_____

(4)

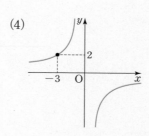

_____

1 다음 수직선 위의 네 점 A, B, C, D의 좌표를 각각 기호로 나타내시오.

(1)

_____

(2)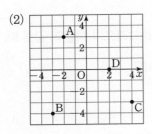

_____

2 다음 점의 좌표를 구하시오.

(1) x좌표가 2이고 y좌표가 -5인 점 _____

(2) x축 위에 있고, x좌표가 -4인 점 _____

(3) y축 위에 있고, y좌표가 9인 점 _____

3 좌표평면 위의 점 P(a, b)가 제3사분면 위의 점일 때, 다음 점은 제몇 사분면 위의 점인지 구하시오.

(1) A$(-a, b)$ _____

(2) B(b, a) _____

(3) C$(2a, -3b)$ _____

(4) D$\left(-\dfrac{1}{a}, -\dfrac{1}{b}\right)$ _____

4 다음 보기의 그래프는 달리는 속력을 시간에 따라 나타낸 것이다. 각 상황에 가장 알맞은 그래프를 보기에서 고르시오.

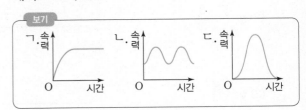

(1) 속력을 올렸다 내렸다를 반복하면서 뛰었다.

_____

(2) 속력을 올리며 뛰다가 일정하게 속력을 유지하며 뛰었다.

_____

(3) 속력을 올리며 뛰다가 도중에 속력을 내려 뛴 후 멈추었다.

_____

5 다음 그래프는 혜성이가 집에서 출발하여 하루 동안 자전거를 타고 이동했을 때, 집에서 떨어진 거리를 시각에 따라 나타낸 것이다. 물음에 답하시오.

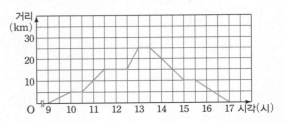

(1) 혜성이가 출발한 지 3시간 후에 집에서 떨어진 거리를 구하시오. _____

(2) 혜성이가 1시간 동안의 휴식을 마친 시각을 구하시오. _____

(3) 혜성이가 집으로 돌아가기 시작한 시각을 구하시오. _____

6 다음에서 x와 y 사이의 관계식을 구하시오.

(1) y가 x에 정비례하고, $x=3$일 때 $y=-9$이다.

_____

(2) y가 x에 반비례하고, $x=-4$일 때 $y=7$이다.

_____

7 한 변의 길이가 y cm인 정사각형의 둘레의 길이가 x cm일 때, 다음 물음에 답하시오.

(1) x와 y 사이의 관계식을 구하시오.

_____

(2) 한 변의 길이가 7 cm일 때, 정사각형의 둘레의 길이를 구하시오.

_____

8 다음 점이 정비례 관계 $y=-\dfrac{2}{3}x$의 그래프 위에 있으면 ○표, 그래프 위에 있지 않으면 ×표를 ( ) 안에 쓰시오.

(1) $(6, -4)$ ( )

(2) $(-9, -6)$ ( )

(3) $\left(\dfrac{3}{4}, -\dfrac{1}{2}\right)$ ( )

(4) $\left(-\dfrac{1}{2}, \dfrac{1}{6}\right)$ ( )

9 다음 그래프가 나타내는 x와 y 사이의 관계식을 구하시오.

(1)

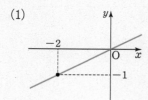

_____

(2)

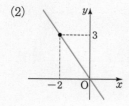

_____

10 야외 공연을 위해 의자를 한 줄에 8개씩 배열하였더니 12줄이 되었다. 같은 수의 의자를 한 줄에 x개씩 배열하면 y줄이 된다고 할 때, 다음 물음에 답하시오.

(1) x와 y 사이의 관계식을 구하시오.

_____

(2) 의자를 한 줄에 16개씩 배열하면 몇 줄이 되는지 구하시오.

_____

11 다음 점이 반비례 관계 $y=\dfrac{24}{x}$의 그래프 위에 있으면 ○표, 그래프 위에 있지 않으면 ×표를 ( ) 안에 쓰시오.

(1) $(3, 8)$ ( )

(2) $(-4, 6)$ ( )

(3) $(-12, -2)$ ( )

(4) $\left(48, \dfrac{1}{2}\right)$ ( )

12 다음 그래프가 나타내는 x와 y 사이의 관계식을 구하시오.

(1)

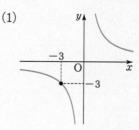

_____

(2)

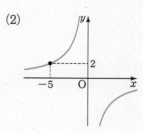

_____

정답과 해설

중학 수학

1·1

visang

PIONADA

피어나다를 하면서 아이가 공부의
필요를 인식하고 플랜도 바꿔가며
실천하는 모습을 보게 되어 만족합니다.
제가 직장 맘이라 정보가 부족했는데,
코치님을 통해 아이에 맞춘 피드백과
정보를 듣고 있어서 큰 도움이 됩니다.

– 조○관 회원 학부모님

공부 습관에도
진단과 처방이
필수입니다

초4부터 중등까지는 공부 습관이 피어날 최적의 시기입니다.

공부 마음을 망치는 공부를 하고 있나요?
성공 습관을 무시한 공부를 하고 있나요?
더 이상 이제 그만!

지금은 피어나다와 함께 사춘기 공부 그릇을 키워야 할 때입니다.

강점코칭 무료체험

바로 지금,
마음 성장 기반 학습 코칭 서비스, 피어나다®로
공부 생명력을 피어나게 해보세요.

상담
문의 **1833-3124**

www.pionada.com

공부 생명력이
PIONADA

일주일 단 1시간으로 심리 상담부터 학습 코칭까지 한번에!

상위권 공부 전략 체화 시스템	공부력 향상 심리 솔루션	온택트 모둠 코칭	공인된 진단 검사
공부 마인드 정착 및 자기주도적 공부 습관 완성	마음·공부·성공 습관 형성을 통한 마음 근력 강화 프로그램	주 1회 모둠 코칭 수업 및 상담과 특강 제공	서울대 교수진 감수 학습 콘텐츠와 한국심리학회 인증 진단 검사

교과서
개념
잡기

정답과 해설

중학 수학

1·1

소인수분해

1 소수와 합성수

8쪽

1 (1) 1, 2, 4, 8, 합성수   (2) 1, 13, 소수   (3) 1, 17, 소수
    (4) 1, 2, 4, 7, 14, 28, 합성수

2 (1) 5, 19, 71   (2) 2, 37, 41, 83

3 2, 3, 5, 7, 11, 13, 17, 19, 23, 29, 31, 37, 41, 43, 47

4 (1) ○   (2) ×   (3) ×   (4) ×

3 주어진 방법을 이용하여 수를 지워 나가면 다음과 같다.

1	2	3	4	5	6	7	8	9	10
11	12	13	14	15	16	17	18	19	20
21	22	23	24	25	26	27	28	29	30
31	32	33	34	35	36	37	38	39	40
41	42	43	44	45	46	47	48	49	50

➡ 소수: 2, 3, 5, 7, 11, 13, 17, 19, 23, 29, 31, 37, 41, 43, 47

4 (2) 가장 작은 소수는 2이다.
  (3) 2는 소수이면서 짝수이다.
  (4) 자연수는 1과 소수와 합성수로 이루어져 있다.

2 거듭제곱

9쪽

1 (1) 밑: 3, 지수: 2   (2) 밑: 5, 지수: 6   (3) 밑: 7, 지수: 10

2 (1) 5   (2) 5   (3) 2, 3   (4) 3, 5

3 (1) 10^4 (2) $5^3 \times 7^2$ (3) $2^2 \times 3^2 \times 7^3$ (4) $3^3 \times 5^2 \times 11$

4 (1) 2   (2) $\dfrac{1}{5}$ (3) 2, 3   (4) 2

5 (1) $\left(\dfrac{1}{7}\right)^3$ (2) $\left(\dfrac{1}{3}\right)^3 \times \left(\dfrac{1}{5}\right)^2$ (3) $\dfrac{1}{2^2 \times 5^3}$

3 (4) $3 \times 3 \times 5 \times 3 \times 5 \times 11 = \underline{3 \times 3 \times 3} \times \underline{5 \times 5} \times \underline{11}$
                           $= 3^3 \times 5^2 \times 11$

3 소인수분해

10쪽

1 풀이 참조

2 (1) $2^3 \times 3$, 소인수: 2, 3   (2) $2^2 \times 3^2$, 소인수: 2, 3
  (3) 2×5^2, 소인수: 2, 5   (4) $2^2 \times 3 \times 7$, 소인수: 2, 3, 7
  (5) $2 \times 3^2 \times 7$, 소인수: 2, 3, 7   (6) $3^3 \times 5$, 소인수: 3, 5

---

1 (1) 방법① $28 < \dfrac{2}{14 < \dfrac{2}{7}}$

  방법② 2)28
      2)14
         7

따라서 28을 소인수분해하면
$28 = 2^2 \times 7$ 이다.

(2) 방법① $90 < \dfrac{2}{45 < \dfrac{3}{15 < \dfrac{3}{5}}}$

  방법② 2)90
      3)45
      3)15
         5

따라서 90을 소인수분해하면
$90 = 2 \times 3^2 \times 5$ 이다.

2 (1) 2)24
    2)12
    2) 6 $24 = 2^3 \times 3$
       3   소인수: 2, 3

(2) 2)36
    2)18
    3) 9 $36 = 2^2 \times 3^2$
       3   소인수: 2, 3

(3) 2)50
    5)25
      5    $50 = 2 \times 5^2$
          소인수: 2, 5

(4) 2)84
    2)42
    3)21 $84 = 2^2 \times 3 \times 7$
      7   소인수: 2, 3, 7

(5) 2)126
    3) 63
    3) 21 $126 = 2 \times 3^2 \times 7$
      7   소인수: 2, 3, 7

(6) 3)135
    3) 45
    3) 15 $135 = 3^3 \times 5$
      5   소인수: 3, 5

4 소인수분해를 이용하여 약수 구하기

11쪽~12쪽

1 표는 풀이 참조
  (1) 1, 3, 5, 15
  (2) 1, 2, 3, 4, 6, 12
  (3) 1, 2, 4, 5, 8, 10, 20, 40
  (4) 3×5^2, 1, 3, 5, 15, 25, 75
  (5) $2^2 \times 7^2$, 1, 2, 4, 7, 14, 28, 49, 98, 196
  (6) $2^3 \times 5^2$, 1, 2, 4, 5, 8, 10, 20, 25, 40, 50, 100, 200

2 (1) ㄱ, ㄴ, ㄹ, ㅂ (2) ㄴ, ㄷ, ㄹ (3) ㄱ, ㄴ, ㅁ   (4) ㄱ, ㄴ, ㄹ
  (5) ㄴ, ㄷ, ㅂ

3 (1) 3, 1, 8   (2) 12개   (3) 1, 2, 3, 24 (4) 30개

4 (1) 2, 1, 2, 1, 6 (2) 8개   (3) 12개   (4) 12개

1 (1) $15=3\times5$

×	1	5
1	1	5
3	3	15

(2) $12=2^2\times3$

×	1	3
1	1	3
2	2	6
2^2	4	12

(3) $40=2^3\times5$

×	1	5
1	1	5
2	2	10
2^2	4	20
2^3	8	40

(4) $75=3\times5^2$

×	1	5	5^2
1	1	5	25
3	3	15	75

(5) $196=2^2\times7^2$

×	1	7	7^2
1	1	7	49
2	2	14	98
2^2	4	28	196

(6) $200=2^3\times5^2$

×	1	5	5^2
1	1	5	25
2	2	10	50
2^2	4	20	100
2^3	8	40	200

2 (1) 2^5의 약수 → 1, 2, 2^2, 2^3, 2^4, 2^5

(2) $3^2\times5^2$의 약수는 3^2의 약수와 5^2의 약수의 곱으로 이루어져
있다. ↳ 1, 3, 3^2 ↳ 1, 5, 5^2

ㄱ. 3^3 → 3^2의 약수가 아니다.

ㅁ. $3^3\times5^2$
↳ 3^2의 약수가 아니다.

ㅂ. $3^2\times5^3$
↳ 5^2의 약수가 아니다.

(3) $36=2^2\times3^2$이므로 36의 약수는 2^2의 약수와 3^2의 약수의 곱
으로 이루어져 있다. ↳ 1, 2, 2^2 ↳ 1, 3, 3^2

ㄴ. $4=2^2$

ㄷ. 2×3^3
↳ 3^2의 약수가 아니다.

ㄹ. $2^3\times3$
↳ 2^2의 약수가 아니다.

ㅂ. $2^3\times3^3$
↳ 3^2의 약수가 아니다.
↳ 2^2의 약수가 아니다.

(4) $48=2^4\times3$이므로 48의 약수는 2^4의 약수와 3의 약수의 곱으
로 이루어져 있다. ↳ 1, 3
↳ 1, 2, 2^2, 2^3, 2^4

ㄱ. $6=2\times3$

ㄴ. $16=2^4$

ㄷ. 2×3^2
↳ 3의 약수가 아니다.

ㅁ. 2^5 → 2^4의 약수가 아니다.

ㅂ. 2×3^3
↳ 3의 약수가 아니다.

(5) $54=2\times3^3$이므로 54의 약수는 2의 약수와 3^3의 약수의 곱으
로 이루어져 있다. ↳ 1, 2 ↳ 1, 3, 3^2, 3^3

ㄱ. $4=2^2$

ㄴ. $18=2\times3^2$

ㄹ. $2^2\times3$
↳ 2의 약수가 아니다.

ㅁ. $2^3\times3$
↳ 2의 약수가 아니다.

3 (2) $(2+1)\times(3+1)=3\times4=12$(개)

(4) $(4+1)\times(1+1)\times(2+1)=5\times2\times3=30$(개)

4 (2) $56=2^3\times7$이므로 약수는
$(3+1)\times(1+1)=4\times2=8$(개)

(3) $72=2^3\times3^2$이므로 약수는
$(3+1)\times(2+1)=4\times3=12$(개)

(4) $126=2\times3^2\times7$이므로 약수는
$(1+1)\times(2+1)\times(1+1)=2\times3\times2=12$(개)

I·2 최대공약수와 최소공배수

6 공약수와 최대공약수
13쪽

1 (1) 16의 약수: 1, 2, 4, 8, 16
20의 약수: 1, 2, 4, 5, 10, 20
16과 20의 공약수: 1, 2, 4
16과 20의 최대공약수: 4

(2) 21의 약수: 1, 3, 7, 21
35의 약수: 1, 5, 7, 35
21과 35의 공약수: 1, 7
21과 35의 최대공약수: 7

(3) 24의 약수: 1, 2, 3, 4, 6, 8, 12, 24
32의 약수: 1, 2, 4, 8, 16, 32
24와 32의 공약수: 1, 2, 4, 8
24와 32의 최대공약수: 8

2 (1) 1, 2, 3, 6 (2) 1, 3, 5, 15 (3) 1, 2, 3, 6, 9, 18

3 (1) 1, ○ (2) 4, × (3) 11, × (4) 1, ○

2 두 개 이상의 자연수의 공약수는 최대공약수의 약수이다.

(1) 18과 24의 공약수는 6의 약수이므로 1, 2, 3, 6이다.

(2) 30과 45의 공약수는 15의 약수이므로 1, 3, 5, 15이다.

(3) ●와 ▲의 공약수는 18의 약수이므로 1, 2, 3, 6, 9, 18이다.

3 (1) 8의 약수는 1, 2, 4, 8이고 11의 약수는 1, 11이다.
따라서 8과 11의 최대공약수는 1이므로 서로소이다.
(2) 16의 약수는 1, 2, 4, 8, 16이고 28의 약수는 1, 2, 4, 7, 14, 28이다.
따라서 16과 28의 최대공약수는 4이므로 서로소가 아니다.
(3) 33의 약수는 1, 3, 11, 33이고 55의 약수는 1, 5, 11, 55이다.
따라서 33과 55의 최대공약수는 11이므로 서로소가 아니다.
(4) 26의 약수는 1, 2, 13, 26이고 63의 약수는 1, 3, 7, 9, 21, 63이다.
따라서 26과 63의 최대공약수는 1이므로 서로소이다.

6 최대공약수 구하기
14쪽~15쪽

1 풀이 참조
2 (1) 2×3^2 (2) $2^2 \times 3^2$ (3) $2 \times 3 \times 5$ (4) $2^2 \times 3$
(5) 3 (6) $2^2 \times 3$
3 (1) 9 (2) 8 (3) 12 (4) 4 (5) 4 (6) 12

1 (1)
$$16 = 2^4$$
$$24 = \boxed{2^3} \times 3$$
$$\text{(최대공약수)} = \boxed{2^3} = \boxed{8}$$

(2)
$$14 = 2 \times \boxed{7}$$
$$42 = 2 \times \boxed{3} \times 7$$
$$\text{(최대공약수)} = 2 \times \boxed{7} = \boxed{14}$$

(3)
$$40 = \boxed{2^3} \times 5$$
$$60 = 2^2 \times \boxed{3} \times \boxed{5}$$
$$\text{(최대공약수)} = \boxed{2^2} \times \boxed{5} = \boxed{20}$$

(4)
$$12 = 2^2 \times \boxed{3}$$
$$48 = \boxed{2^4} \times 3$$
$$60 = \boxed{2^2} \times 3 \times 5$$
$$\text{(최대공약수)} = \boxed{2^2} \times \boxed{3} = \boxed{12}$$

(5)
$$24 = \boxed{2^3} \times 3$$
$$54 = \boxed{2} \times 3^3$$
$$90 = 2 \times \boxed{3^2} \times 5$$
$$\text{(최대공약수)} = \boxed{2} \times \boxed{3} = \boxed{6}$$

(6)
$$32 = 2^5$$
$$56 = \boxed{2^3} \times \boxed{7}$$
$$72 = \boxed{2^3} \times 3^2$$
$$\text{(최대공약수)} = \boxed{2^3} = \boxed{8}$$

3 (1)
$$18 = 2 \times 3^2$$
$$45 = 3^2 \times 5$$
$$\text{(최대공약수)} = 3^2 = 9$$

(2)
$$24 = 2^3 \times 3$$
$$32 = 2^5$$
$$\text{(최대공약수)} = 2^3 = 8$$

(3)
$$60 = 2^2 \times 3 \times 5$$
$$72 = 2^3 \times 3^2$$
$$\text{(최대공약수)} = 2^2 \times 3 = 12$$

(4)
$$12 = 2^2 \times 3$$
$$28 = 2^2 \times 7$$
$$36 = 2^2 \times 3^2$$
$$\text{(최대공약수)} = 2^2 = 4$$

(5)
$$20 = 2^2 \times 5$$
$$32 = 2^5$$
$$64 = 2^6$$
$$\text{(최대공약수)} = 2^2 = 4$$

(6)
$$36 = 2^2 \times 3^2$$
$$48 = 2^4 \times 3$$
$$96 = 2^5 \times 3$$
$$\text{(최대공약수)} = 2^2 \times 3 = 12$$

7 공배수와 최소공배수
16쪽

1 (1) 3의 배수: 3, 6, 9, 12, 15, 18, 21, 24, …
4의 배수: 4, 8, 12, 16, 20, 24, …
3과 4의 공배수: 12, 24, …
3과 4의 최소공배수: 12
(2) 8의 배수: 8, 16, 24, 32, 40, 48, …
12의 배수: 12, 24, 36, 48, …
8과 12의 공배수: 24, 48, …
8과 12의 최소공배수: 24
(3) 10의 배수: 10, 20, 30, 40, 50, 60, …
15의 배수: 15, 30, 45, 60, …
10과 15의 공배수: 30, 60, …
10과 15의 최소공배수: 30
2 (1) 8, 16, 24 (2) 30, 60, 90 (3) 60, 120, 180
(4) 15, 30, 45 (5) 24, 48, 72

2 두 개 이상의 자연수의 공배수는 최소공배수의 배수이다.
(1) 4와 8의 공배수는 8의 배수이므로 8, 16, 24, …이다.
(2) 6과 15의 공배수는 30의 배수이므로 30, 60, 90, …이다.
(3) 12와 20의 공배수는 60의 배수이므로 60, 120, 180, …이다.
(4) ●와 ▲의 공배수는 15의 배수이므로 15, 30, 45, …이다.
(5) ■와 ◆의 공배수는 24의 배수이므로 24, 48, 72, …이다.

8 최소공배수 구하기
17쪽~18쪽

1 풀이 참조
2 (1) $2^2 \times 5$ (2) $2^3 \times 3^2 \times 5$ (3) $2^2 \times 3^2 \times 5 \times 7$
(4) $2^2 \times 5 \times 7$ (5) $2^2 \times 3^2 \times 5^2$ (6) $2^3 \times 3^3 \times 7$
3 (1) 70 (2) 96 (3) 180 (4) 90 (5) 180 (6) 210

1 (1)
$$12 = 2^2 \times 3$$
$$16 = 2^4$$
$$\text{(최소공배수)} = \boxed{2^4} \times 3 = \boxed{48}$$

(2)
$$14 = \boxed{2} \times 7$$
$$21 = 3 \times \boxed{7}$$
$$\text{(최소공배수)} = \boxed{2} \times 3 \times \boxed{7} = \boxed{42}$$

(3)
$$36 = \boxed{2^2} \times 3^2$$
$$60 = 2^2 \times \boxed{3} \times 5$$
$$\text{(최소공배수)} = 2^2 \times \boxed{3^2} \times 5 = \boxed{180}$$

(4)
$$12 = \boxed{2^2} \times 3$$
$$24 = \boxed{2^3} \times 3$$
$$42 = \boxed{2} \times 3 \times 7$$
$$\text{(최소공배수)} = \boxed{2^3} \times 3 \times \boxed{7} = \boxed{168}$$

(5)
$$18 = 2 \times \boxed{3^2}$$
$$54 = \boxed{2} \times \boxed{3^3}$$
$$60 = 2^2 \times \boxed{3} \times 5$$
$$\text{(최소공배수)} = \boxed{2^2} \times \boxed{3^3} \times 5 = \boxed{540}$$

(6)
$$28 = \boxed{2^2} \times 7$$
$$35 = \boxed{5} \times \boxed{7}$$
$$70 = \boxed{2} \times \boxed{5} \times 7$$
$$\text{(최소공배수)} = \boxed{2^2} \times \boxed{5} \times 7 = \boxed{140}$$

3 (1)
$$10 = 2 \times 5$$
$$14 = 2 \times 7$$
$$\text{(최소공배수)} = 2 \times 5 \times 7 = 70$$

(2)
$$24 = 2^3 \times 3$$
$$32 = 2^5$$
$$\text{(최소공배수)} = 2^5 \times 3 = 96$$

(3)
$$45 = 3^2 \times 5$$
$$60 = 2^2 \times 3 \times 5$$
$$\text{(최소공배수)} = 2^2 \times 3^2 \times 5 = 180$$

(4)
$$6 = 2 \times 3$$
$$15 = 3 \times 5$$
$$18 = 2 \times 3^2$$
$$\text{(최소공배수)} = 2 \times 3^2 \times 5 = 90$$

(5)
$$12 = 2^2 \times 3$$
$$30 = 2 \times 3 \times 5$$
$$36 = 2^2 \times 3^2$$
$$\text{(최소공배수)} = 2^2 \times 3^2 \times 5 = 180$$

(6)
$$14 = 2 \times 7$$
$$35 = 5 \times 7$$
$$42 = 2 \times 3 \times 7$$
$$\text{(최소공배수)} = 2 \times 3 \times 5 \times 7 = 210$$

대단원 개념 마무리

1 풀이 참조

2 (1) 11^4 (2) $2^3 \times 7^2 \times 11$

(3) $\left(\dfrac{1}{5}\right)^3 \times \left(\dfrac{1}{13}\right)^2$ (4) $\dfrac{1}{2^2 \times 3^2 \times 11}$

3 (1) $2^3 \times 3^2$ / 2, 3 (2) $2 \times 3 \times 5^2$ / 2, 3, 5

4 (1) 3^4 / 1, 3, 9, 27, 81

(2) $2^2 \times 5^2$ / 1, 2, 4, 5, 10, 20, 25, 50, 100

5 (1) 8개 (2) 8개 (3) 12개

6 (1) ○ (2) × (3) ○ (4) ×

7 (1) 12 (2) 4 (3) 15

8 (1) 196 (2) 330 (3) 180

1

수	약수	소수/합성수
5	1, 5	소수
12	1, 2, 3, 4, 6, 12	합성수
43	1, 43	소수
51	1, 3, 17, 51	합성수

2 (2) $7 \times 2 \times 11 \times 2 \times 2 \times 7 = 2 \times 2 \times 2 \times 7 \times 7 \times 11$
$$= 2^3 \times 7^2 \times 11$$

(4) $\dfrac{1}{2 \times 3 \times 3 \times 11 \times 2} = \dfrac{1}{2 \times 2 \times 3 \times 3 \times 11}$
$$= \dfrac{1}{2^2 \times 3^2 \times 11}$$

3 (1)
$$
\begin{array}{r}
2\,)\underline{72} \\
2\,)\underline{36} \\
2\,)\underline{18} \\
3\,)\underline{9} \\
3
\end{array}
$$
$72 = 2^3 \times 3^2$ 소인수: 2, 3

(2)
$$
\begin{array}{r}
2\,)\underline{150} \\
3\,)\underline{75} \\
5\,)\underline{25} \\
5
\end{array}
$$
$150 = 2 \times 3 \times 5^2$ 소인수: 2, 3, 5

4 (1) $81 = 3^4$이므로 81의 약수는 3^4의 약수로 이루어져 있다.
↳ 1, 3, 3^2, 3^3, 3^4

(2) $100 = 2^2 \times 5^2$이므로 100의 약수는 2^2의 약수와 5^2의 약수의
곱으로 이루어져 있다. ↳ 1, 2, 2^2 ↳ 1, 5, 5^2
따라서 100의 약수는 1, 2, 4, 5, 10, 20, 25, 50, 100이다.

5 (1) $(3+1) \times (1+1) = 4 \times 2 = 8$(개)

(2) $54 = 2 \times 3^3$이므로 약수는
$(1+1) \times (3+1) = 2 \times 4 = 8$(개)

(3) $140 = 2^2 \times 5 \times 7$이므로 약수는
$(2+1) \times (1+1) \times (1+1) = 3 \times 2 \times 2 = 12$(개)

6 (1) 9의 약수는 1, 3, 9이고 10의 약수는 1, 2, 5, 10이다.
따라서 9와 10의 최대공약수는 1이므로 서로소이다.

(2) 17의 약수는 1, 17이고 34의 약수는 1, 2, 17, 34이다.
　　따라서 17과 34의 최대공약수는 17이므로 서로소가 아니다.
(3) 27의 약수는 1, 3, 9, 27이고 32의 약수는 1, 2, 4, 8, 16, 32이다.
　　따라서 27과 32의 최대공약수는 1이므로 서로소이다.
(4) 35의 약수는 1, 5, 7, 35이고 49의 약수는 1, 7, 49이다.
　　따라서 35와 49의 최대공약수는 7이므로 서로소가 아니다.

7 (1)
$$24 = 2^3 \times 3$$
$$36 = 2^2 \times 3^2$$
$$\text{(최대공약수)} = 2^2 \times 3 = 12$$

(2)
$$28 = 2^2 \qquad \times 7$$
$$32 = 2^5$$
$$40 = 2^3 \times 5$$
$$\text{(최대공약수)} = 2^2 \qquad = 4$$

(3)
$$30 = 2 \times 3 \times 5$$
$$45 = \qquad 3^2 \times 5$$
$$75 = \qquad 3 \times 5^2$$
$$\text{(최대공약수)} = \qquad 3 \times 5 = 15$$

8 (1)
$$28 = 2^2 \times 7$$
$$49 = \qquad 7^2$$
$$\text{(최소공배수)} = 2^2 \times 7^2 = 196$$

(2)
$$10 = 2 \qquad \times 5$$
$$15 = \qquad 3 \times 5$$
$$22 = 2 \qquad \times 11$$
$$\text{(최소공배수)} = 2 \times 3 \times 5 \times 11 = 330$$

(3)
$$18 = 2 \qquad \times 3^2$$
$$20 = 2^2 \qquad \times 5$$
$$30 = 2 \times 3 \times 5$$
$$\text{(최소공배수)} = 2^2 \times 3^2 \times 5 = 180$$

정수와 유리수

Ⅱ·1 **정수와 유리수**

1 양수와 음수　　　　　　　　　　　　　22쪽

1 (1) $+4$　　(2) -10　　(3) -50
2 (1) -2층　　(2) $+7000$원　　(3) $+2200$ m
3 (1) $+1$, 양수　(2) -4, 음수　(3) -1.5, 음수
　　(4) $+\dfrac{1}{6}$, 양수　(5) $-\dfrac{2}{3}$, 음수
4 (1) $+2$, $+\dfrac{7}{2}$, $+10$　(2) $-\dfrac{1}{9}$, -6

3 0보다 큰 수는 $+$ 부호를, 0보다 작은 수는 $-$ 부호를 붙여서 나타낸다. 이때 양의 부호 $+$가 붙은 수는 양수, 음의 부호 $-$가 붙은 수는 음수이다.

2 정수와 유리수　　　　　　　　　　　　23쪽

1 (1) $+\dfrac{6}{6}$, 9　(2) -4, 0, $+\dfrac{6}{6}$, 9　(3) $-\dfrac{5}{9}$, -4, $-\dfrac{2}{13}$
　　(4) $+7.2$, $+\dfrac{6}{6}$, 9　(5) $-\dfrac{5}{9}$, $+7.2$, $-\dfrac{2}{13}$
2 풀이 참조
3 (1) ○　(2) ×　(3) ×　(4) ○　(5) ○　(6) ○

2

수	-5	0	$+\dfrac{9}{3}$	$-\dfrac{8}{5}$	$+0.3$	$+\dfrac{1}{4}$
정수	○	○	○	×	×	×
유리수	○	○	○	○	○	○
양수	×	×	○	×	○	○
음수	○	×	×	○	×	×

3 (2) 정수는 양의 정수, 0, 음의 정수로 이루어져 있다.
　　(3) 음수는 음의 부호를 생략하여 나타낼 수 없다.

3 수직선　　　　　　　　　　　　　　　24쪽

1 (1) A: -1, B: $+2$　(2) A: -2, B: $+4$
　　(3) A: 0, B: $+\dfrac{5}{2}$　(4) A: $-\dfrac{5}{3}$, B: $+1$
2 풀이 참조

2 (1)
```
   A                           B
───┼───┼───┼───┼───┼───┼───┼───┼───
  -4  -3  -2  -1   0  +1  +2  +3  +4
```
(2)
```
                   A           B
───┼───┼───┼───┼───┼───┼───┼───┼───
  -4  -3  -2  -1   0  +1  +2  +3  +4
```

(3)

ㅣ4ㅣ 절댓값
25쪽

1 (1) 7 (2) $|-12|=12$ (3) $|0|=0$ (4) $|-1.5|=1.5$

(5) $\left|+\dfrac{7}{5}\right|=\dfrac{7}{5}$

2 (1) 4 (2) 11 (3) 2.3 (4) $\dfrac{1}{6}$ (5) $\dfrac{4}{5}$

3 (1) $-2, +2$ (2) $-5, +5$ (3) $-\dfrac{5}{2}, +\dfrac{5}{2}$

4 (1) $-8, +8$ (2) $-\dfrac{3}{4}, +\dfrac{3}{4}$ (3) $+9$ (4) -1.6

ㅣ5ㅣ 수의 대소 관계
26쪽

1 (1) < (2) > (3) > (4) > (5) <

2 (1) < (2) < (3) > (4) 10, 9, > (5) 15, 17, <

3 (1) > (2) > (3) < (4) 9, 8, < (5) 6, 8, >

3 음수는 절댓값이 큰 수가 작다.

(1) $|-7|=7$, $|-9|=9$이므로 $-7 \gt -9$

(2) $|-3.4|=3.4$, $|-4|=4$이므로 $-3.4 \gt -4$

(3) $\left|-\dfrac{7}{9}\right|=\dfrac{7}{9}$, $\left|-\dfrac{4}{9}\right|=\dfrac{4}{9}$이므로 $-\dfrac{7}{9} \lt -\dfrac{4}{9}$

(4) $-\dfrac{3}{4}=-\dfrac{\boxed{9}}{12}$, $-\dfrac{2}{3}=-\dfrac{\boxed{8}}{12}$이므로

$\left|-\dfrac{9}{12}\right|=\dfrac{9}{12}$, $\left|-\dfrac{8}{12}\right|=\dfrac{8}{12}$

$\therefore -\dfrac{3}{4} \lt -\dfrac{2}{3}$

(5) $-0.6=-\dfrac{\boxed{6}}{10}$, $-\dfrac{4}{5}=-\dfrac{\boxed{8}}{10}$이므로

$\left|-\dfrac{6}{10}\right|=\dfrac{6}{10}$, $\left|-\dfrac{8}{10}\right|=\dfrac{8}{10}$

$-0.6 \gt -\dfrac{4}{5}$

ㅣ6ㅣ 부등호의 사용
27쪽

1 (1) < (2) ≥ (3) > (4) ≤, < (5) ≤, ≤ (6) <, ≤

2 (1) $x<3$ (2) $x\le-4$ (3) $x\ge\dfrac{8}{7}$

(4) $-5<x<2$ (5) $-\dfrac{1}{2}<x\le\dfrac{2}{3}$ (6) $-2\le x<6$

ㅣ7ㅣ 수의 덧셈 (1)
28쪽

1 (1) $+5$ (2) -5

2 (1) $+, +, 8$ (2) $-, 2, -, 10$ (3) $-, \dfrac{3}{4}, -, \dfrac{5}{2}$

(4) $+, 6, +, \dfrac{11}{8}$ (5) $-, 6, -, \dfrac{16}{15}$

3 (1) $+19$ (2) -9 (3) $+\dfrac{8}{5}$ (4) $-\dfrac{11}{6}$ (5) $+\dfrac{17}{12}$

3 (1) $(+12)+(+7)=+(12+7)=+19$

(2) $(-4)+(-5)=-(4+5)=-9$

(3) $\left(+\dfrac{6}{5}\right)+\left(+\dfrac{2}{5}\right)=+\left(\dfrac{6}{5}+\dfrac{2}{5}\right)=+\dfrac{8}{5}$

(4) $\left(-\dfrac{1}{3}\right)+\left(-\dfrac{3}{2}\right)=-\left(\dfrac{2}{6}+\dfrac{9}{6}\right)=-\dfrac{11}{6}$

(5) $\left(+\dfrac{5}{4}\right)+\left(+\dfrac{1}{6}\right)=+\left(\dfrac{15}{12}+\dfrac{2}{12}\right)=+\dfrac{17}{12}$

ㅣ8ㅣ 수의 덧셈 (2)
29쪽

1 (1) $+4$ (2) -4

2 (1) $+, +, 2$ (2) $-, 8, -, 3$ (3) $+, 0.3, +, 0.5$

(4) $14, -, \dfrac{15}{10}, \dfrac{14}{10}, -, \dfrac{1}{10}$ (5) $3, -, \dfrac{5}{6}, \dfrac{3}{6}, -, \dfrac{1}{3}$

3 (1) $+6$ (2) $+0.8$ (3) $-\dfrac{5}{3}$ (4) $+\dfrac{1}{12}$ (5) $-\dfrac{3}{20}$

3 (1) $(-8)+(+14)=+(14-8)=+6$

(2) $(+1.7)+(-0.9)=+(1.7-0.9)=+0.8$

(3) $\left(+\dfrac{2}{3}\right)+\left(-\dfrac{7}{3}\right)=-\left(\dfrac{7}{3}-\dfrac{2}{3}\right)=-\dfrac{5}{3}$

(4) $\left(-\dfrac{2}{3}\right)+\left(+\dfrac{3}{4}\right)=\left(-\dfrac{8}{12}\right)+\left(+\dfrac{9}{12}\right)$

$\qquad =+\left(\dfrac{9}{12}-\dfrac{8}{12}\right)=+\dfrac{1}{12}$

(5) $\left(+\dfrac{1}{4}\right)+\left(-\dfrac{2}{5}\right)=\left(+\dfrac{5}{20}\right)+\left(-\dfrac{8}{20}\right)$

$\qquad =-\left(\dfrac{8}{20}-\dfrac{5}{20}\right)=-\dfrac{3}{20}$

ㅣ9ㅣ 덧셈의 계산 법칙
30쪽

1 (1) $-5, -5, -14, -7$

(가) 덧셈의 교환법칙, (나) 덧셈의 결합법칙

(2) $+\dfrac{1}{6}, +\dfrac{1}{6}, +1, +\dfrac{2}{3}$

(가) 덧셈의 교환법칙, (나) 덧셈의 결합법칙

2 (1) $+2$ (2) $+1$ (3) $+2.3$ (4) $-\dfrac{1}{12}$ (5) $+\dfrac{1}{5}$

2 (1) $(+4)+(-5)+(+3)$
$=(+4)+(+3)+(-5)$ ⎫ 덧셈의 교환법칙
$=\{(+4)+(+3)\}+(-5)$ ⎬ 덧셈의 결합법칙
$=(+7)+(-5)$
$=+2$

(2) $(-6)+(+12)+(-5)$
$=(-6)+(-5)+(+12)$ ⎫ 덧셈의 교환법칙
$=\{(-6)+(-5)\}+(+12)$ ⎬ 덧셈의 결합법칙
$=(-11)+(+12)$
$=+1$

(3) $(+4.8)+(-3.7)+(+1.2)$
$=(+4.8)+(+1.2)+(-3.7)$ ⎫ 덧셈의 교환법칙
$=\{(+4.8)+(+1.2)\}+(-3.7)$ ⎬ 덧셈의 결합법칙
$=(+6)+(-3.7)$
$=+2.3$

(4) $\left(+\dfrac{1}{6}\right)+\left(-\dfrac{1}{12}\right)+\left(-\dfrac{1}{6}\right)$
$=\left(+\dfrac{1}{6}\right)+\left(-\dfrac{1}{6}\right)+\left(-\dfrac{1}{12}\right)$ ⎫ 덧셈의 교환법칙
$=\left\{\left(+\dfrac{1}{6}\right)+\left(-\dfrac{1}{6}\right)\right\}+\left(-\dfrac{1}{12}\right)$ ⎬ 덧셈의 결합법칙
$=0+\left(-\dfrac{1}{12}\right)$ → 분수가 있는 식은 분모가 같은 것끼리 모아서 계산하면 편리해~.
$=-\dfrac{1}{12}$

(5) $\left(-\dfrac{3}{10}\right)+\left(+\dfrac{2}{5}\right)+\left(+\dfrac{1}{10}\right)$
$=\left(+\dfrac{2}{5}\right)+\left(-\dfrac{3}{10}\right)+\left(+\dfrac{1}{10}\right)$ ⎫ 덧셈의 교환법칙
$=\left(+\dfrac{2}{5}\right)+\left\{\left(-\dfrac{3}{10}\right)+\left(+\dfrac{1}{10}\right)\right\}$ ⎬ 덧셈의 결합법칙
$=\left(+\dfrac{2}{5}\right)+\left(-\dfrac{1}{5}\right)$ → 분수가 있는 식은 분모가 같은 것끼리 모아서 계산하면 편리해~.
$=+\dfrac{1}{5}$

🔟 수의 뺄셈

31쪽~32쪽

1 (1) $-,5,+,5,+,8$　　(2) $-,6,-,6,-,16$
(3) $-,-,3,+,5,-,3,+,\dfrac{1}{3}$
(4) $-,-,6,-,1,+,6,-,\dfrac{7}{8}$

2 (1) -4　(2) -10　(3) $+1.3$　(4) -2　(5) $-\dfrac{11}{10}$　(6) $-\dfrac{29}{28}$

3 (1) $+,3,+,3,+,10$　　(2) $+,6,-,6,-,2$
(3) $+,+,12,+,5,+,12,+,\dfrac{17}{8}$
(4) $+,+,2,-,3,-,2,-,\dfrac{1}{10}$

4 (1) $+26$　(2) -5　(3) $+5.6$　(4) $+1$　(5) $+\dfrac{41}{15}$　(6) $-\dfrac{1}{4}$

2 (1) $(+6)-(+10)=(+6)+(-10)$
$=-(10-6)=-4$

(2) $(-3)-(+7)=(-3)+(-7)$
$=-(3+7)=-10$

(3) $(+2.8)-(+1.5)=(+2.8)+(-1.5)$
$=+(2.8-1.5)=+1.3$

(4) $\left(-\dfrac{3}{4}\right)-\left(+\dfrac{5}{4}\right)=\left(-\dfrac{3}{4}\right)+\left(-\dfrac{5}{4}\right)$
$=-\left(\dfrac{3}{4}+\dfrac{5}{4}\right)=-2$

(5) $\left(+\dfrac{2}{5}\right)-\left(+\dfrac{3}{2}\right)=\left(+\dfrac{2}{5}\right)+\left(-\dfrac{3}{2}\right)$
$=\left(+\dfrac{4}{10}\right)+\left(-\dfrac{15}{10}\right)$
$=-\left(\dfrac{15}{10}-\dfrac{4}{10}\right)$
$=-\dfrac{11}{10}$

(6) $\left(-\dfrac{2}{7}\right)-\left(+\dfrac{3}{4}\right)=\left(-\dfrac{2}{7}\right)+\left(-\dfrac{3}{4}\right)$
$=\left(-\dfrac{8}{28}\right)+\left(-\dfrac{21}{28}\right)$
$=-\left(\dfrac{8}{28}+\dfrac{21}{28}\right)$
$=-\dfrac{29}{28}$

4 (1) $(+16)-(-10)=(+16)+(+10)$
$=+(16+10)=+26$

(2) $(-9)-(-4)=(-9)+(+4)$
$=-(9-4)=-5$

(3) $(+3.2)-(-2.4)=(+3.2)+(+2.4)$
$=+(3.2+2.4)=+5.6$

(4) $\left(-\dfrac{2}{3}\right)-\left(-\dfrac{5}{3}\right)=\left(-\dfrac{2}{3}\right)+\left(+\dfrac{5}{3}\right)$
$=+\left(\dfrac{5}{3}-\dfrac{2}{3}\right)=+1$

(5) $\left(+\dfrac{2}{5}\right)-\left(-\dfrac{7}{3}\right)=\left(+\dfrac{2}{5}\right)+\left(+\dfrac{7}{3}\right)$
$=\left(+\dfrac{6}{15}\right)+\left(+\dfrac{35}{15}\right)$
$=+\left(\dfrac{6}{15}+\dfrac{35}{15}\right)$
$=+\dfrac{41}{15}$

(6) $\left(-\dfrac{5}{2}\right)-\left(-\dfrac{9}{4}\right)=\left(-\dfrac{5}{2}\right)+\left(+\dfrac{9}{4}\right)$
$=\left(-\dfrac{10}{4}\right)+\left(+\dfrac{9}{4}\right)$
$=-\left(\dfrac{10}{4}-\dfrac{9}{4}\right)$
$=-\dfrac{1}{4}$

11 덧셈과 뺄셈의 혼합 계산

1 (1) $+$, 9, $+$, 9, $+$, 16, $+$, 11

(2) $+$, 2, $+$, 2, $+$, 2, $-$, 6

(3) $-$, $\dfrac{1}{4}$, $-$, $\dfrac{1}{4}$, $+$, $\dfrac{1}{2}$, $-$, 2

2 (1) -8 (2) $+6$ (3) $+11$ (4) -3 (5) $-\dfrac{5}{2}$ (6) $-\dfrac{1}{4}$

2 (1) $(+6)+(-17)-(-3)$

$=(+6)+(-17)+(+3)$

$=\{(+6)+(+3)\}+(-17)$

$=(+9)+(-17)$

$=-8$

(2) $(-8)-(-4)+(+10)$

$=(-8)+(+4)+(+10)$

$=(-8)+\{(+4)+(+10)\}$

$=(-8)+(+14)$

$=+6$

(3) $(+2)-(-11)+(-2)$

$=(+2)+(+11)+(-2)$

$=\{(+2)+(-2)\}+(+11)$

$=0+(+11)$

$=+11$

(4) $(-9)-(-5)+(+3)-(+2)$

$=(-9)+(+5)+(+3)+(-2)$

$=\{(-9)+(-2)\}+\{(+5)+(+3)\}$

$=(-11)+(+8)$

$=-3$

(5) $\left(-\dfrac{7}{5}\right)+\left(-\dfrac{3}{2}\right)-\left(-\dfrac{2}{5}\right)$

$=\left(-\dfrac{7}{5}\right)+\left(-\dfrac{3}{2}\right)+\left(+\dfrac{2}{5}\right)$

$=\left\{\left(-\dfrac{7}{5}\right)+\left(+\dfrac{2}{5}\right)\right\}+\left(-\dfrac{3}{2}\right)$

$=(-1)+\left(-\dfrac{3}{2}\right)$

$=-\dfrac{5}{2}$

(6) $\left(+\dfrac{5}{4}\right)+\left(-\dfrac{8}{3}\right)-\left(+\dfrac{1}{2}\right)-\left(-\dfrac{5}{3}\right)$

$=\left(+\dfrac{5}{4}\right)+\left(-\dfrac{8}{3}\right)+\left(-\dfrac{1}{2}\right)+\left(+\dfrac{5}{3}\right)$

$=\left\{\left(+\dfrac{5}{4}\right)+\left(-\dfrac{1}{2}\right)\right\}+\left\{\left(-\dfrac{8}{3}\right)+\left(+\dfrac{5}{3}\right)\right\}$

$=\left\{\left(+\dfrac{5}{4}\right)+\left(-\dfrac{2}{4}\right)\right\}+\left\{\left(-\dfrac{8}{3}\right)+\left(+\dfrac{5}{3}\right)\right\}$

$=\left(+\dfrac{3}{4}\right)+(-1)$

$=-\dfrac{1}{4}$

12 부호가 생략된 수의 혼합 계산

1 (1) $+$, 8, $-$, 8, $-$, 10

(2) $+$, $+$, 7, $+$, $-$, 7, $-$, 7, $+$, $-$, 22, $+$, $-$, 20

(3) $+$, 9, $-$, 9, $-$, 9, $+$, 2, $-$, 9, $-$, 7

2 (1) -8 (2) -7 (3) 0.7 (4) $-\dfrac{2}{3}$ (5) 0 (6) $-\dfrac{1}{12}$

2 (1) $2-3-7$

$=(+2)-(+3)-(+7)$

$=(+2)+(-3)+(-7)$

$=(+2)+\{(-3)+(-7)\}$

$=(+2)+(-10)$

$=-8$

(2) $5-9+3-6$

$=(+5)-(+9)+(+3)-(+6)$

$=(+5)+(-9)+(+3)+(-6)$

$=\{(+5)+(+3)\}+\{(-9)+(-6)\}$

$=(+8)+(-15)$

$=-7$

(3) $1.3-4.2+3.6$

$=(+1.3)-(+4.2)+(+3.6)$

$=(+1.3)+(-4.2)+(+3.6)$

$=\{(+1.3)+(+3.6)\}+(-4.2)$

$=(+4.9)+(-4.2)$

$=0.7$

(4) $-\dfrac{1}{3}+\dfrac{1}{6}-\dfrac{1}{2}$

$=\left(-\dfrac{1}{3}\right)+\left(+\dfrac{1}{6}\right)-\left(+\dfrac{1}{2}\right)$

$=\left(-\dfrac{1}{3}\right)+\left(+\dfrac{1}{6}\right)+\left(-\dfrac{1}{2}\right)$

$=\left\{\left(-\dfrac{1}{3}\right)+\left(-\dfrac{1}{2}\right)\right\}+\left(+\dfrac{1}{6}\right)$

$=\left\{\left(-\dfrac{2}{6}\right)+\left(-\dfrac{3}{6}\right)\right\}+\left(+\dfrac{1}{6}\right)$

$=\left(-\dfrac{5}{6}\right)+\left(+\dfrac{1}{6}\right)$

$=-\dfrac{2}{3}$

(5) $-3+\dfrac{5}{2}-\dfrac{3}{2}+2$

$=(-3)+\left(+\dfrac{5}{2}\right)-\left(+\dfrac{3}{2}\right)+(+2)$

$=(-3)+\left(+\dfrac{5}{2}\right)+\left(-\dfrac{3}{2}\right)+(+2)$

$=\{(-3)+(+2)\}+\left\{\left(+\dfrac{5}{2}\right)+\left(-\dfrac{3}{2}\right)\right\}$

$=(-1)+(+1)$

$=0$

(6) $\dfrac{1}{2}-\dfrac{2}{3}-\dfrac{3}{4}+\dfrac{5}{6}$

$=\left(+\dfrac{1}{2}\right)-\left(+\dfrac{2}{3}\right)-\left(+\dfrac{3}{4}\right)+\left(+\dfrac{5}{6}\right)$

$=\left(+\dfrac{1}{2}\right)+\left(-\dfrac{2}{3}\right)+\left(-\dfrac{3}{4}\right)+\left(+\dfrac{5}{6}\right)$

$=\left\{\left(+\dfrac{1}{2}\right)+\left(-\dfrac{3}{4}\right)\right\}+\left\{\left(-\dfrac{2}{3}\right)+\left(+\dfrac{5}{6}\right)\right\}$

$=\left\{\left(+\dfrac{2}{4}\right)+\left(-\dfrac{3}{4}\right)\right\}+\left\{\left(-\dfrac{4}{6}\right)+\left(+\dfrac{5}{6}\right)\right\}$

$=\left(-\dfrac{1}{4}\right)+\left(+\dfrac{1}{6}\right)$

$=\left(-\dfrac{3}{12}\right)+\left(+\dfrac{2}{12}\right)$

$=-\dfrac{1}{12}$

Ⅱ·3 정수와 유리수의 곱셈과 나눗셈

13 수의 곱셈   35쪽

1 (1) +, +, 10 (2) +, 3, +, 12 (3) +, $\dfrac{4}{3}$, +, 2

  (4) −, −, 32 (5) −, 6, −, 30 (6) −, $\dfrac{8}{5}$, −, $\dfrac{6}{5}$

2 (1) +14 (2) +36   (3) +$\dfrac{6}{5}$ (4) 0 (5) −55

  (6) −36   (7) −$\dfrac{5}{16}$

2 (1) $(+7)\times(+2)=+(7\times2)=+14$

(2) $(-4)\times(-9)=+(4\times9)=+36$

(3) $\left(-\dfrac{9}{2}\right)\times\left(-\dfrac{4}{15}\right)=+\left(\dfrac{9}{2}\times\dfrac{4}{15}\right)=+\dfrac{6}{5}$

(4) $(-10)\times0=0$ ← 어떤 수와 0의 곱은 항상 0임을 기억해!

(5) $(+5)\times(-11)=-(5\times11)=-55$

(6) $(-12)\times(+3)=-(12\times3)=-36$

(7) $\left(+\dfrac{5}{12}\right)\times\left(-\dfrac{3}{4}\right)=-\left(\dfrac{5}{12}\times\dfrac{3}{4}\right)=-\dfrac{5}{16}$

14 곱셈의 계산 법칙   36쪽

1 (1) −5, −5, −10, +170

  (가) 곱셈의 교환법칙, (나) 곱셈의 결합법칙

  (2) −$\dfrac{5}{2}$, −$\dfrac{5}{2}$, +2, +$\dfrac{14}{3}$

  (가) 곱셈의 교환법칙, (나) 곱셈의 결합법칙

2 (1) −300 (2) −49 (3) +70 (4) +$\dfrac{7}{9}$ (5) +$\dfrac{3}{4}$

2 (1) $(+4)\times(-3)\times(+25)$ }곱셈의 교환법칙

$=(+4)\times(+25)\times(-3)$ }곱셈의 결합법칙

$=\{(+4)\times(+25)\}\times(-3)$

$=(+100)\times(-3)$

$=-300$

(2) $(+5)\times(+4.9)\times(-2)$ }곱셈의 교환법칙

$=(+5)\times(-2)\times(+4.9)$ }곱셈의 결합법칙

$=\{(+5)\times(-2)\}\times(+4.9)$

$=(-10)\times(+4.9)$

$=-49$

(3) $(-5)\times\left(-\dfrac{7}{3}\right)\times(+6)$ }곱셈의 교환법칙

$=(-5)\times(+6)\times\left(-\dfrac{7}{3}\right)$ }곱셈의 결합법칙

$=\{(-5)\times(+6)\}\times\left(-\dfrac{7}{3}\right)$

$=(-30)\times\left(-\dfrac{7}{3}\right)$

$=+70$

(4) $(-2)\times\left(+\dfrac{1}{9}\right)\times\left(-\dfrac{7}{2}\right)$ }곱셈의 교환법칙

$=(-2)\times\left(-\dfrac{7}{2}\right)\times\left(+\dfrac{1}{9}\right)$ }곱셈의 결합법칙

$=\left\{(-2)\times\left(-\dfrac{7}{2}\right)\right\}\times\left(+\dfrac{1}{9}\right)$

$=(+7)\times\left(+\dfrac{1}{9}\right)$

$=+\dfrac{7}{9}$

(5) $\left(+\dfrac{5}{6}\right)\times\left(-\dfrac{3}{4}\right)\times\left(-\dfrac{6}{5}\right)$ }곱셈의 교환법칙

$=\left(+\dfrac{5}{6}\right)\times\left(-\dfrac{6}{5}\right)\times\left(-\dfrac{3}{4}\right)$ }곱셈의 결합법칙

$=\left\{\left(+\dfrac{5}{6}\right)\times\left(-\dfrac{6}{5}\right)\right\}\times\left(-\dfrac{3}{4}\right)$

$=(-1)\times\left(-\dfrac{3}{4}\right)$

$=+\dfrac{3}{4}$

15 세 수 이상의 곱셈   37쪽

1 (1) +, +, 90 (2) −, −, 40 (3) +, +, 56

  (4) −, −, 36 (5) +, +, $\dfrac{4}{3}$ (6) −, −, $\dfrac{3}{25}$

2 (1) +36 (2) −48 (3) +27 (4) −$\dfrac{35}{4}$ (5) +$\dfrac{1}{5}$ (6) −40

2 (1) $(-3)\times(-3)\times(+4)=+(3\times3\times4)=+36$

(2) $(+8)\times(-3)\times(+2)=-(8\times3\times2)=-48$

(3) $(-1)\times(+9)\times(-3)=+(1\times9\times3)=+27$

$(4)\left(-\dfrac{5}{4}\right)\times(-2)\times\left(-\dfrac{7}{2}\right)=-\left(\dfrac{5}{4}\times2\times\dfrac{7}{2}\right)=-\dfrac{35}{4}$

$(5)\left(-\dfrac{2}{3}\right)\times\left(+\dfrac{3}{4}\right)\times\left(-\dfrac{2}{5}\right)=+\left(\dfrac{2}{3}\times\dfrac{3}{4}\times\dfrac{2}{5}\right)=+\dfrac{1}{5}$

$(6)\ (-2)\times(+4)\times(-1)\times(-5)=-(2\times4\times1\times5)=-40$

$(6)\ 8.9\times5-1.1\times5=8.9\times5+(-1.1)\times5$
$\qquad\qquad\qquad\quad=\{8.9+(-1.1)\}\times5$
$\qquad\qquad\qquad\quad=(8.9-1.1)\times5$
$\qquad\qquad\qquad\quad=7.8\times5$
$\qquad\qquad\qquad\quad=39$

16 거듭제곱의 계산
38쪽

1 (1) $+9$ (2) -9
2 (1) -125 (2) -125
3 (1) $+1$ (2) -1
4 (1) $+\dfrac{1}{9}$ (2) $-\dfrac{1}{32}$
5 (1) $+16,\ -48$ (2) $+128$ (3) $+20$
  (4) -18 (5) $+3$ (6) -10

5 $(2)\ (-4)\times(-2)^5=(-4)\times(-32)=+(4\times32)=+128$

$(3)\ 5\times(-1)^7\times(-4)=5\times(-1)\times(-4)$
$\qquad\qquad\qquad\qquad\quad=+(5\times1\times4)=+20$

$(4)\ (-2)^3\times\left(-\dfrac{3}{2}\right)^2=(-8)\times\left(+\dfrac{9}{4}\right)=-\left(8\times\dfrac{9}{4}\right)=-18$

$(5)\ -2^2\times\left(-\dfrac{1}{2}\right)^3\times6=(-4)\times\left(-\dfrac{1}{8}\right)\times6$
$\qquad\qquad\qquad\qquad\quad=+\left(4\times\dfrac{1}{8}\times6\right)=+3$

$(6)\ \left(-\dfrac{2}{3}\right)^3\times\left(-\dfrac{5}{4}\right)\times(-3)^3=\left(-\dfrac{8}{27}\right)\times\left(-\dfrac{5}{4}\right)\times(-27)$
$\qquad\qquad\qquad\qquad\qquad\quad=-\left(\dfrac{8}{27}\times\dfrac{5}{4}\times27\right)=-10$

17 분배법칙
39쪽

1 (1) $25,\ 2500,\ 2575$ (2) $15,\ -60,\ 1440$
  (3) $17,\ 17,\ 170$ (4) $3.14,\ 3.14,\ 314$
2 (1) -510 (2) 16 (3) 1615 (4) -2300 (5) -42 (6) 39

2 $(1)\ (-5)\times(100+2)=(-5)\times100+(-5)\times2$
$\qquad\qquad\qquad\quad=-500+(-10)=-510$

$(2)\ (-35)\times\left\{\dfrac{1}{7}+\left(-\dfrac{3}{5}\right)\right\}=(-35)\times\dfrac{1}{7}+(-35)\times\left(-\dfrac{3}{5}\right)$
$\qquad\qquad\qquad\qquad\qquad=-5+21=16$

$(3)\ (100-5)\times17=\{100+(-5)\}\times17$
$\qquad\qquad\qquad\quad=100\times17+(-5)\times17$
$\qquad\qquad\qquad\quad=1700+(-85)=1615$

$(4)\ (-23)\times64+(-23)\times36=(-23)\times(64+36)$
$\qquad\qquad\qquad\qquad\qquad=(-23)\times100=-2300$

$(5)\ 16\times\left(-\dfrac{7}{3}\right)+2\times\left(-\dfrac{7}{3}\right)=(16+2)\times\left(-\dfrac{7}{3}\right)$
$\qquad\qquad\qquad\qquad\qquad=18\times\left(-\dfrac{7}{3}\right)=-42$

18 수의 나눗셈
40쪽

1 (1) $+,\ +,\ 3$ (2) $+,\ 5,\ +,\ 4$ (3) $-,\ 6,\ -,\ 6$
  (4) $-,\ -,\ 8$ (5) $+,\ 7,\ +,\ 0.8$ (6) $-,\ 0.8,\ -,\ 9$
2 (1) $+14$ (2) $+2$ (3) 0 (4) -1
  (5) -9 (6) $+0.9$ (7) -2

2 $(1)\ (+42)\div(+3)=+(42\div3)=+14$

$(2)\ (-24)\div(-12)=+(24\div12)=+2$

$(3)\ 0\div(-8)=0$ ← 0을 0이 아닌 수로 나누면 그 몫은 항상 0임을 기억해!

$(4)\ (-4)\div(+4)=-(4\div4)=-1$

$(5)\ (+45)\div(-5)=-(45\div5)=-9$

$(6)\ (-8.1)\div(-9)=+(8.1\div9)=+0.9$

$(7)\ (-3.4)\div(+1.7)=-(3.4\div1.7)=-2$

19 역수를 이용한 수의 나눗셈
41쪽

1 (1) $\dfrac{2}{7},\ \dfrac{2}{7}$ (2) $-\dfrac{5}{4},\ -\dfrac{5}{4}$ (3) $\dfrac{1}{3},\ \dfrac{1}{3}$
  (4) $\dfrac{3}{7},\ \dfrac{3}{7}$ (5) $\dfrac{5}{6},\ \dfrac{5}{6}$
2 (1) $+\dfrac{5}{2},\ \dfrac{5}{2},\ -15$ (2) $+\dfrac{2}{3}$ (3) $-\dfrac{3}{10}$ (4) -8
  (5) $+\dfrac{1}{3}$ (6) $-\dfrac{5}{2}$

2 $(2)\ \left(-\dfrac{3}{2}\right)\div\left(-\dfrac{9}{4}\right)=\left(-\dfrac{3}{2}\right)\times\left(-\dfrac{4}{9}\right)$
$\qquad\qquad\qquad\qquad\quad=+\left(\dfrac{3}{2}\times\dfrac{4}{9}\right)=+\dfrac{2}{3}$

$(3)\ \left(+\dfrac{3}{8}\right)\div\left(-\dfrac{5}{4}\right)=\left(+\dfrac{3}{8}\right)\times\left(-\dfrac{4}{5}\right)$
$\qquad\qquad\qquad\qquad\quad=-\left(\dfrac{3}{8}\times\dfrac{4}{5}\right)=-\dfrac{3}{10}$

$(4)\ \left(-\dfrac{12}{5}\right)\div\left(+\dfrac{3}{10}\right)=\left(-\dfrac{12}{5}\right)\times\left(+\dfrac{10}{3}\right)$
$\qquad\qquad\qquad\qquad\quad=-\left(\dfrac{12}{5}\times\dfrac{10}{3}\right)=-8$

$(5)\ \left(+\dfrac{4}{3}\right)\div(+4)=\left(+\dfrac{4}{3}\right)\times\left(+\dfrac{1}{4}\right)$
$\qquad\qquad\qquad\qquad\quad=+\left(\dfrac{4}{3}\times\dfrac{1}{4}\right)=+\dfrac{1}{3}$

$(6)\left(+\dfrac{7}{2}\right)\div(-1.4)=\left(+\dfrac{7}{2}\right)\div\left(-\dfrac{14}{10}\right)$

$\qquad\qquad\qquad\quad=\left(+\dfrac{7}{2}\right)\times\left(-\dfrac{10}{14}\right)$

$\qquad\qquad\qquad\quad=-\left(\dfrac{7}{2}\times\dfrac{10}{14}\right)$

$\qquad\qquad\qquad\quad=-\dfrac{5}{2}$

②⓪ 덧셈, 뺄셈, 곱셈, 나눗셈의 혼합 계산 42쪽~43쪽

1 $(1)-\dfrac{9}{2}$, $\dfrac{9}{2}$, $-\dfrac{9}{4}$ $(2)\dfrac{3}{16}$ $(3)-56$ $(4)-\dfrac{1}{4}$

$\quad(5)\dfrac{9}{8}$ $(6)-\dfrac{2}{5}$

2 $(1)-11$ $(2)-44$ $(3)14$ $(4)11$ $(5)-25$ $(6)-25$

$\quad(7)22$

3 $(1)0$ $(2)5$ $(3)8$ $(4)-7$ $(5)-7$

4 $(1)-1$ $(2)16$ $(3)5$ $(4)-36$ $(5)16$

1 $(2)(-2)\times\left(-\dfrac{1}{4}\right)\div\dfrac{8}{3}=(-2)\times\left(-\dfrac{1}{4}\right)\times\dfrac{3}{8}$

$\qquad\qquad\qquad\qquad\qquad=+\left(2\times\dfrac{1}{4}\times\dfrac{3}{8}\right)$

$\qquad\qquad\qquad\qquad\qquad=\dfrac{3}{16}$

$(3)\left(-\dfrac{4}{5}\right)\div\left(-\dfrac{2}{7}\right)\times(-20)=\left(-\dfrac{4}{5}\right)\times\left(-\dfrac{7}{2}\right)\times(-20)$

$\qquad\qquad\qquad\qquad\qquad\qquad=-\left(\dfrac{4}{5}\times\dfrac{7}{2}\times20\right)$

$\qquad\qquad\qquad\qquad\qquad\qquad=-56$

$(4)\left(-\dfrac{2}{3}\right)\times\dfrac{15}{4}\div10=\left(-\dfrac{2}{3}\right)\times\dfrac{15}{4}\times\dfrac{1}{10}$

$\qquad\qquad\qquad\qquad\quad=-\left(\dfrac{2}{3}\times\dfrac{15}{4}\times\dfrac{1}{10}\right)$

$\qquad\qquad\qquad\qquad\quad=-\dfrac{1}{4}$

$(5)(-24)\div\dfrac{8}{3}\times\left(-\dfrac{1}{2}\right)^3=(-24)\times\dfrac{3}{8}\times\left(-\dfrac{1}{8}\right)$

$\qquad\qquad\qquad\qquad\qquad=+\left(24\times\dfrac{3}{8}\times\dfrac{1}{8}\right)$

$\qquad\qquad\qquad\qquad\qquad=\dfrac{9}{8}$

$(6)\dfrac{3}{4}\times\left(-\dfrac{2}{3}\right)^2\div\left(-\dfrac{5}{6}\right)=\dfrac{3}{4}\times\dfrac{4}{9}\times\left(-\dfrac{6}{5}\right)$

$\qquad\qquad\qquad\qquad\qquad=-\left(\dfrac{3}{4}\times\dfrac{4}{9}\times\dfrac{6}{5}\right)$

$\qquad\qquad\qquad\qquad\qquad=-\dfrac{2}{5}$

2 $(1)10+(-7)\times3=10+(-21)$

$\qquad\qquad\qquad\qquad=-11$

$(2)72\div(-8)-35=-9-35$

$\qquad\qquad\qquad\quad=-44$

$(3)2-24\div(-6)\times3=2-(-4)\times3$

$\qquad\qquad\qquad\qquad=2-(-12)$ ← 뺄셈을 덧셈으로

$\qquad\qquad\qquad\qquad=2+12$

$\qquad\qquad\qquad\qquad=14$

$(4)-5+(-24)\div(-3)\times2=-5+8\times2$

$\qquad\qquad\qquad\qquad\qquad=-5+16$

$\qquad\qquad\qquad\qquad\qquad=11$

$(5)5\times(-4)+45\div(-9)=-20+(-5)$

$\qquad\qquad\qquad\qquad\qquad=-25$

$(6)56\div(-8)-3^2\times2=56\div(-8)-9\times2$

$\qquad\qquad\qquad\qquad\quad=-7-18$

$\qquad\qquad\qquad\qquad\quad=-25$

$(7)28-(-2)^3\div4\times(-3)=28-(-8)\div4\times(-3)$

$\qquad\qquad\qquad\qquad\qquad=28-(-2)\times(-3)$

$\qquad\qquad\qquad\qquad\qquad=28-6$

$\qquad\qquad\qquad\qquad\qquad=22$

3 $(1)6-3\times\{(-2)-(-4)\}=6-3\times\{(-2)+4\}$ ← 뺄셈을 덧셈으로

$\qquad\qquad\qquad\qquad\qquad=6-3\times2$

$\qquad\qquad\qquad\qquad\qquad=6-6$

$\qquad\qquad\qquad\qquad\qquad=0$

$(2)7-\{(-9)+5\}\div(-2)=7-(-4)\div(-2)$

$\qquad\qquad\qquad\qquad\qquad=7-2$

$\qquad\qquad\qquad\qquad\qquad=5$

$(3)(-4)+(-3)\times\{(-2)^2+(-8)\}$

$\qquad=(-4)+(-3)\times\{4+(-8)\}$

$\qquad=(-4)+(-3)\times(-4)$

$\qquad=(-4)+12$

$\qquad=8$

(4) $(-35) \div \left\{(-2)^3 \times \left(-\dfrac{1}{4}\right)+3\right\}$

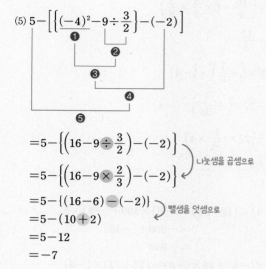

$=(-35) \div \left\{(-8) \times \left(-\dfrac{1}{4}\right)+3\right\}$

$=(-35) \div (2+3)$

$=(-35) \div 5$

$=-7$

(5) $5-\left[\left\{(-4)^2-9 \div \dfrac{3}{2}\right\}-(-2)\right]$

$=5-\left[\left(16-9 \div \dfrac{3}{2}\right)-(-2)\right]$

$=5-\left[\left(16-9 \times \dfrac{2}{3}\right)-(-2)\right]$ ← 나눗셈을 곱셈으로

$=5-\{(16-6)-(-2)\}$ ← 뺄셈을 덧셈으로

$=5-(10+2)$

$=5-12$

$=-7$

4 (1) $-4-9 \div \{-8-(-5)\}=-4-9 \div (-8+5)$ ← 뺄셈을 덧셈으로

$=-4-9 \div (-3)$

$=-4-(-3)$ ← 뺄셈을 덧셈으로

$=-4+3$

$=-1$

(2) $\{4-(-3)\} \times 2-(-4) \div 2=(4+3) \times 2-(-4) \div 2$ ← 뺄셈을 덧셈으로

$=7 \times 2-(-4) \div 2$

$=14-(-2)$ ← 뺄셈을 덧셈으로

$=14+2$

$=16$

(3) $(-15) \div \{6-(-3)^2\}=(-15) \div (6-9)$

$=(-15) \div (-3)$

$=5$

(4) $2-\left\{(11-5)-\left(-\dfrac{4}{3}\right)^2\right\} \times 9=2-\left\{(11-5)-\dfrac{16}{9}\right\} \times 9$

$=2-\left(6-\dfrac{16}{9}\right) \times 9$

$=2-\dfrac{38}{9} \times 9$

$=2-38$

$=-36$

(5) $16 \times \left[\left\{-\dfrac{1}{8}+\left(-\dfrac{1}{2}\right)^2 \div \dfrac{2}{7}\right\}+\dfrac{1}{4}\right]$

$=16 \times \left\{\left(-\dfrac{1}{8}+\dfrac{1}{4} \div \dfrac{2}{7}\right)+\dfrac{1}{4}\right\}$ ← 나눗셈을 곱셈으로

$=16 \times \left\{\left(-\dfrac{1}{8}+\dfrac{1}{4} \times \dfrac{7}{2}\right)+\dfrac{1}{4}\right\}$

$=16 \times \left\{\left(-\dfrac{1}{8}+\dfrac{7}{8}\right)+\dfrac{1}{4}\right\}$

$=16 \times \left(\dfrac{3}{4}+\dfrac{1}{4}\right)$

$=16 \times 1$

$=16$

대단원 개념 마무리

44쪽~45쪽

1 $+\dfrac{2}{7}, +8.2, -\dfrac{4}{9}$

2 A: -4, B: $-\dfrac{5}{2}$, C: $+2$, D: $+\dfrac{10}{3}$

3 (1) 7　　(2) 5.4　　(3) $+3$　　(4) $-\dfrac{5}{6}$

4 (1) $<$　　(2) $>$　　(3) $>$

5 (1) $-10 \leq x < -8$　　(2) $-\dfrac{3}{2} < x \leq 0$

(3) $-2.8 \leq x \leq \dfrac{6}{5}$

6 (1) $+9.7$　　(2) $-\dfrac{7}{3}$　　(3) $+\dfrac{53}{28}$　　(4) -3

(5) $+\dfrac{5}{4}$　　(6) $-\dfrac{13}{30}$

7 (1) $+8$　　(2) -1　　(3) $+1.9$　　(4) $-\dfrac{5}{2}$

8 (1) $+24$　　(2) $+\dfrac{14}{5}$　　(3) -15.5　　(4) -3

9 (1) $+40$　　(2) $-\dfrac{7}{11}$　　(3) $+\dfrac{12}{5}$　　(4) $+3$

10 (1) -840　　(2) -600

11 (1) -12　　(2) $+0.4$　　(3) -7　　(4) $+\dfrac{3}{10}$

(5) $-\dfrac{1}{16}$

12 (1) 29　　(2) 42　　(3) 20　　(4) -1

(5) -13　　(6) -4

6 (1) $(+6)+(+3.7)=+(6+3.7)=+9.7$

(2) $\left(-\dfrac{2}{3}\right)+\left(-\dfrac{5}{3}\right)=-\left(\dfrac{2}{3}+\dfrac{5}{3}\right)=-\dfrac{7}{3}$

(3) $\left(-\dfrac{6}{7}\right)+\left(+\dfrac{11}{4}\right)=\left(-\dfrac{24}{28}\right)+\left(+\dfrac{77}{28}\right)$

$\qquad =+\left(\dfrac{77}{28}-\dfrac{24}{28}\right)=+\dfrac{53}{28}$

(4) $(-11)-(-8)=(-11)+(+8)$

$\qquad =-(11-8)=-3$

(5) $\left(+\dfrac{3}{8}\right)-\left(-\dfrac{7}{8}\right)=\left(+\dfrac{3}{8}\right)+\left(+\dfrac{7}{8}\right)$

$\qquad =+\left(\dfrac{3}{8}+\dfrac{7}{8}\right)=+\dfrac{5}{4}$

(6) $\left(+\dfrac{5}{3}\right)-(+2.1)=\left(+\dfrac{5}{3}\right)+(-2.1)$

$\qquad =\left(+\dfrac{5}{3}\right)+\left(-\dfrac{21}{10}\right)$

$\qquad =\left(+\dfrac{50}{30}\right)+\left(-\dfrac{63}{30}\right)$

$\qquad =-\left(\dfrac{63}{30}-\dfrac{50}{30}\right)$

$\qquad =-\dfrac{13}{30}$

7 (1) $(+5)+(-3)-(-6)=(+5)+(-3)+(+6)$

$\qquad =\{(+5)+(+6)\}+(-3)$

$\qquad =(+11)+(-3)$

$\qquad =+8$

(2) $\left(+\dfrac{9}{5}\right)-(+2)+\left(-\dfrac{4}{5}\right)$

$\qquad =\left(+\dfrac{9}{5}\right)+(-2)+\left(-\dfrac{4}{5}\right)$

$\qquad =\left\{\left(+\dfrac{9}{5}\right)+\left(-\dfrac{4}{5}\right)\right\}+(-2)$

$\qquad =(+1)+(-2)$

$\qquad =-1$

(3) $1.2-2.7+3.4$

$\qquad =(+1.2)+(-2.7)+(+3.4)$

$\qquad =\{(+1.2)+(+3.4)\}+(-2.7)$

$\qquad =(+4.6)+(-2.7)$

$\qquad =+1.9$

(4) $-\dfrac{10}{7}-\dfrac{1}{2}-\dfrac{4}{7}$

$\qquad =\left(-\dfrac{10}{7}\right)+\left(-\dfrac{1}{2}\right)+\left(-\dfrac{4}{7}\right)$

$\qquad =\left\{\left(-\dfrac{10}{7}\right)+\left(-\dfrac{4}{7}\right)\right\}+\left(-\dfrac{1}{2}\right)$

$\qquad =(-2)+\left(-\dfrac{1}{2}\right)$

$\qquad =-\dfrac{5}{2}$

8 (1) $(-8)\times(-3)=+(8\times3)=+24$

(2) $\left(+\dfrac{12}{5}\right)\times\left(+\dfrac{7}{6}\right)=+\left(\dfrac{12}{5}\times\dfrac{7}{6}\right)=+\dfrac{14}{5}$

(3) $(+5)\times(-3.1)=-(5\times3.1)=-15.5$

(4) $\left(-\dfrac{10}{9}\right)\times(+2.7)=-\left(\dfrac{10}{9}\times\dfrac{27}{10}\right)=-3$

9 (1) $(-4)\times(+2)\times(-5)=+(4\times2\times5)=+40$

(2) $\left(+\dfrac{2}{3}\right)\times\left(-\dfrac{6}{11}\right)\times\left(+\dfrac{7}{4}\right)=-\left(\dfrac{2}{3}\times\dfrac{6}{11}\times\dfrac{7}{4}\right)$

$\qquad =-\dfrac{7}{11}$

(3) $\left(-\dfrac{16}{9}\right)\times(-6)\times\left(+\dfrac{3}{5}\right)\times\left(+\dfrac{3}{8}\right)$

$\qquad =+\left(\dfrac{16}{9}\times6\times\dfrac{3}{5}\times\dfrac{3}{8}\right)$

$\qquad =+\dfrac{12}{5}$

(4) $-3^3\times\left(-\dfrac{1}{6}\right)^2\times(-4)$

$\qquad =-27\times\left(+\dfrac{1}{36}\right)\times(-4)$

$\qquad =+\left(27\times\dfrac{1}{36}\times4\right)$

$\qquad =+3$

10 (1) $(-8)\times(100+5)=(-8)\times100+(-8)\times5$

$\qquad =-800+(-40)$

$\qquad =-840$

(2) $25\times(-6)+75\times(-6)=(25+75)\times(-6)$

$\qquad =100\times(-6)$

$\qquad =-600$

11 (1) $(+60)\div(-5)=-(60\div5)=-12$

(2) $(+3.6)\div(+9)=+(3.6\div9)=+0.4$

(3) $(-7.7)\div(+1.1)=-(7.7\div1.1)=-7$

(4) $\left(-\dfrac{9}{14}\right)\div\left(-\dfrac{15}{7}\right)=\left(-\dfrac{9}{14}\right)\times\left(-\dfrac{7}{15}\right)$

$\qquad =+\left(\dfrac{9}{14}\times\dfrac{7}{15}\right)=+\dfrac{3}{10}$

(5) $\left(+\dfrac{3}{8}\right)\div(-6)=\left(+\dfrac{3}{8}\right)\times\left(-\dfrac{1}{6}\right)$

$\qquad =-\left(\dfrac{3}{8}\times\dfrac{1}{6}\right)=-\dfrac{1}{16}$

12 (1) $(-8)\times(-4)-3=32-3=29$

(2) $48+54\div(-9)=48+\{54\div(-9)\}$

$\qquad =48+(-6)$

$\qquad =42$

(3) $\dfrac{9}{2}\times(-2)^3\div(-1.8)=\dfrac{9}{2}\times(-8)\div\left(-\dfrac{18}{10}\right)$

$\qquad =\dfrac{9}{2}\times(-8)\times\left(-\dfrac{10}{18}\right)$

$\qquad =+\left(\dfrac{9}{2}\times8\times\dfrac{10}{18}\right)$

$\qquad =20$

(4) $\left(-\dfrac{4}{9}\right)\div\left(-\dfrac{16}{3}\right)\times(-12)$

$=\left(-\dfrac{4}{9}\right)\times\left(-\dfrac{3}{16}\right)\times(-12)$

$=-\left(\dfrac{4}{9}\times\dfrac{3}{16}\times12\right)$

$=-1$

(5) $-4-\left\{2+\left(-\dfrac{5}{6}\right)+\dfrac{1}{3}\right\}\times6$

$=-4-\left\{2+\left(-\dfrac{5}{6}+\dfrac{2}{6}\right)\right\}\times6$

$=-4-\left\{2+\left(-\dfrac{1}{2}\right)\right\}\times6$

$=-4-\dfrac{3}{2}\times6$

$=-4-9$

$=-13$

(6) $10\times\left[7\div\{9-(-2)^4\}+\dfrac{3}{5}\right]$

$=10\times\left\{7\div(9-16)+\dfrac{3}{5}\right\}$

$=10\times\left\{7\div(-7)+\dfrac{3}{5}\right\}$

$=10\times\left\{(-1)+\dfrac{3}{5}\right\}$

$=10\times\left(-\dfrac{2}{5}\right)$

$=-4$

문자와 식

Ⅲ·1 문자의 사용과 식의 값

1 문자의 사용 48쪽

1 (1) 800, a (2) $(200\times x)$원 (3) a, 13
(4) $(x+10)$세 (5) 5000, $700\times x$ (6) $(3000-400\times a)$원
(7) y, 12 (8) $(a\div5)$원 (9) 4, x
(10) $(x\times9)\text{ cm}^2$ (11) a, 5 (12) $(a+4)\text{ km}$

2 곱셈 기호의 생략 49쪽

1 (1) $5a$ (2) $-4x$ (3) abx (4) $-xy$
(5) $-0.1a$ (6) $8(a+b)$ (7) $-(x-9)$ (8) $\dfrac{1}{4}x^3$
(9) ax^2y (10) $-2a^3b$ (11) $0.1xy^3$
2 (1) $9+6a^2$ (2) $5x-2y$ (3) $8x+7y$ (4) $-3a-b$

3 나눗셈 기호의 생략 50쪽

1 (1) $\dfrac{a}{5}$ (2) $-\dfrac{2}{b}$ (3) $\dfrac{4a}{b}$ (4) $\dfrac{x+y}{7}$ (5) $\dfrac{x}{a-b}$
2 (1) y, 6, $\dfrac{x}{6y}$ (2) $\dfrac{a}{bc}$ (3) $\dfrac{x}{7y}$
3 (1) b, $\dfrac{8a}{b}$ (2) $\dfrac{3y}{x}$ (3) $\dfrac{a^2}{b}$ (4) $9a+\dfrac{1}{b}$ (5) $7-\dfrac{2x}{y}$
(6) $2(a+b)-\dfrac{c}{3}$

2 (2) $a\div b\div c=a\times\dfrac{1}{b}\times\dfrac{1}{c}=\dfrac{a}{bc}$
(3) $x\div7\div y=x\times\dfrac{1}{7}\times\dfrac{1}{y}=\dfrac{x}{7y}$

3 (2) $3\div x\times y=3\times\dfrac{1}{x}\times y=\dfrac{3y}{x}$
(3) $a\times a\div b=a\times a\times\dfrac{1}{b}=\dfrac{a^2}{b}$
(5) $7-x\times2\div y=7-x\times2\times\dfrac{1}{y}=7-\dfrac{2x}{y}$

4 대입과 식의 값 51쪽~52쪽

1 (1) 3, 9 (2) 3, -1 (3) 3, 0 (4) 3, 13
2 (1) -10 (2) 4 (3) 15 (4) $\dfrac{1}{6}$

3 (1) -4, -7 (2) -4, -8
  (3) -4, 3 (4) -4, -14

4 (1) 2 (2) -9 (3) 7 (4) $-\dfrac{2}{9}$

5 (1) -3, 4, 14 (2) -3, 4, -72
  (3) -3, 4, -7 (4) -3, 4, -3, 4, $-\dfrac{1}{12}$

6 (1) 7 (2) -28 (3) 5 (4) 0
7 (1) -1 (2) -1 (3) 6 (4) 0
8 (1) $\dfrac{1}{3}$, 3, 5 (2) -10 (3) -12 (4) 8

2 (1) $-3a+2=-3\times4+2=-12+2=-10$

(2) $\dfrac{1}{2}x+1=\dfrac{1}{2}\times6+1=3+1=4$

(3) $b^2-2b=5^2-2\times5=25-10=15$

(4) $\dfrac{1}{y+3}=\dfrac{1}{3+3}=\dfrac{1}{6}$

4 (1) $2x+8=2\times(-3)+8=-6+8=2$

(2) $\dfrac{2}{3}a-5=\dfrac{2}{3}\times(-6)-5=-4-5=-9$

(3) $y^2+6y=(-7)^2+6\times(-7)=49+(-42)=7$

(4) $\dfrac{2}{b-4}=\dfrac{2}{-5-4}=-\dfrac{2}{9}$

6 (1) $3a-b=3\times2-(-1)=6+1=7$

(2) $a^2+4ab=(-2)^2+4\times(-2)\times4$
$\qquad\qquad=4+(-32)=-28$

(3) $\dfrac{x-y}{x+y}=\dfrac{3-(-2)}{3+(-2)}=\dfrac{3+2}{3-2}=\dfrac{5}{1}=5$

(4) $\dfrac{x}{10}+\dfrac{2}{y}=\dfrac{-5}{10}+\dfrac{2}{4}=-\dfrac{1}{2}+\dfrac{1}{2}=0$

7 (1) $8a-3=8\times\dfrac{1}{4}-3=2-3=-1$

(2) $10b+4=10\times\left(-\dfrac{1}{2}\right)+4=-5+4=-1$

(3) $6x+8y=6\times\dfrac{1}{3}+8\times\dfrac{1}{2}=2+4=6$

(4) $-12x+15y=-12\times\left(-\dfrac{1}{4}\right)+15\times\left(-\dfrac{1}{5}\right)$
$\qquad\qquad\qquad=3+(-3)=0$

8 (2) $\dfrac{4}{b}-2=4\div b-2$

$\qquad\qquad=4\div\left(-\dfrac{1}{2}\right)-2$
$\qquad\qquad=4\times(-2)-2$
$\qquad\qquad=-8-2=-10$

(3) $\dfrac{3}{x}-\dfrac{4}{y}=3\div x-4\div y$

$\qquad\qquad=3\div\dfrac{1}{4}-4\div\dfrac{1}{6}$
$\qquad\qquad=3\times4-4\times6$
$\qquad\qquad=12-24=-12$

(4) $-\dfrac{6}{x}+\dfrac{2}{y}=-6\div x+2\div y$

$\qquad\qquad=-6\div\left(-\dfrac{1}{3}\right)+2\div\left(-\dfrac{1}{5}\right)$
$\qquad\qquad=-6\times(-3)+2\times(-5)$
$\qquad\qquad=18+(-10)=8$

Ⅲ·2 일차식과 그 계산

다항식   53쪽

1 (1) -2 (2) $-5x$, $6y$, -2 (3) -2 (4) -5 (5) 6
2 (1) -3, -4 (2) x^2, $-3x$, -4 (3) -4 (4) -3 (5) 1
3 (1) ○ (2) × (3) ○ (4) ○ (5) × (6) ○ (7) ×

3 (7) $\dfrac{x+1}{3}=\dfrac{x}{3}+\dfrac{1}{3}$ 이므로 다항식이다.

차수와 일차식   54쪽

1 (1) 1, 0, 1 (2) 2, 1, 0, 2 (3) 1 (4) 2 (5) 3 (6) 1 (7) 3
2 (1) ○ (2) ○ (3) × (4) ○ (5) × (6) ○ (7) ×

2 (7) 분모에 문자가 포함된 식은 다항식이 아니므로 일차식이 아니다.

단항식과 수의 곱셈, 나눗셈   55쪽

1 (1) 2, 2, 6 (2) $-12y$ (3) $-35a$ (4) $9b$ (5) $-6x$
  (6) $-2y$
2 (1) 4, 4, 6 (2) $-6b$ (3) $-8x$ (4) $\dfrac{2}{7}y$ (5) $-12a$ (6) $6x$

1 (2) $4\times(-3y)=4\times(-3)\times y$
$\qquad\qquad\qquad=\{4\times(-3)\}\times y$
$\qquad\qquad\qquad=-12y$

(3) $(-7a)\times5=(-7)\times a\times5$
$\qquad\qquad\qquad=\{(-7)\times5\}\times a$
$\qquad\qquad\qquad=-35a$

(4) $\dfrac{3}{2}b\times6=\dfrac{3}{2}\times b\times6$
$\qquad\qquad\qquad=\left(\dfrac{3}{2}\times6\right)\times b$
$\qquad\qquad\qquad=9b$

(5) $(-9x)\times\dfrac{2}{3}=(-9)\times x\times\dfrac{2}{3}$
$\qquad\qquad\qquad=\left\{(-9)\times\dfrac{2}{3}\right\}\times x$
$\qquad\qquad\qquad=-6x$

(6) $\dfrac{y}{5} \times (-10) = \dfrac{1}{5} \times y \times (-10)$

$\qquad\qquad = \left\{ \dfrac{1}{5} \times (-10) \right\} \times y$

$\qquad\qquad = -2y$

2 (2) $(-18b) \div 3 = (-18) \times b \times \dfrac{1}{3}$

$\qquad\qquad = \left\{ (-18) \times \dfrac{1}{3} \right\} \times b$

$\qquad\qquad = -6b$

(3) $32x \div (-4) = 32 \times x \times \left(-\dfrac{1}{4} \right)$

$\qquad\qquad = \left\{ 32 \times \left(-\dfrac{1}{4} \right) \right\} \times x$

$\qquad\qquad = -8x$

(4) $\dfrac{6}{7}y \div 3 = \dfrac{6}{7} \times y \times \dfrac{1}{3}$

$\qquad\qquad = \left(\dfrac{6}{7} \times \dfrac{1}{3} \right) \times y$

$\qquad\qquad = \dfrac{2}{7}y$

(5) $20a \div \left(-\dfrac{5}{3} \right) = 20 \times a \times \left(-\dfrac{3}{5} \right)$

$\qquad\qquad = \left\{ 20 \times \left(-\dfrac{3}{5} \right) \right\} \times a$

$\qquad\qquad = -12a$

(6) $\left(-\dfrac{9}{2}x \right) \div \left(-\dfrac{3}{4} \right) = \left(-\dfrac{9}{2} \right) \times x \times \left(-\dfrac{4}{3} \right)$

$\qquad\qquad = \left\{ \left(-\dfrac{9}{2} \right) \times \left(-\dfrac{4}{3} \right) \right\} \times x$

$\qquad\qquad = 6x$

(8) $(18x-3) \times \left(-\dfrac{2}{9} \right) = 18x \times \left(-\dfrac{2}{9} \right) - 3 \times \left(-\dfrac{2}{9} \right)$

$\qquad\qquad = -4x + \dfrac{2}{3}$

2 (2) $(9a-18) \div 3 = (9a-18) \times \dfrac{1}{3}$

$\qquad\qquad = 9a \times \dfrac{1}{3} - 18 \times \dfrac{1}{3}$

$\qquad\qquad = 3a - 6$

(3) $(16x-32) \div (-8) = (16x-32) \times \left(-\dfrac{1}{8} \right)$

$\qquad\qquad = 16x \times \left(-\dfrac{1}{8} \right) - 32 \times \left(-\dfrac{1}{8} \right)$

$\qquad\qquad = -2x + 4$

(4) $(-6x+2) \div (-2) = (-6x+2) \times \left(-\dfrac{1}{2} \right)$

$\qquad\qquad = -6x \times \left(-\dfrac{1}{2} \right) + 2 \times \left(-\dfrac{1}{2} \right)$

$\qquad\qquad = 3x - 1$

(5) $(3a+12) \div \dfrac{3}{2} = (3a+12) \times \dfrac{2}{3}$

$\qquad\qquad = 3a \times \dfrac{2}{3} + 12 \times \dfrac{2}{3}$

$\qquad\qquad = 2a + 8$

(6) $(2x-5) \div \left(-\dfrac{1}{3} \right) = (2x-5) \times (-3)$

$\qquad\qquad = 2x \times (-3) - 5 \times (-3)$

$\qquad\qquad = -6x + 15$

(7) $(-24a+6) \div \dfrac{12}{5} = (-24a+6) \times \dfrac{5}{12}$

$\qquad\qquad = (-24a) \times \dfrac{5}{12} + 6 \times \dfrac{5}{12}$

$\qquad\qquad = -10a + \dfrac{5}{2}$

🟡 일차식과 수의 곱셈, 나눗셈　　　　56쪽

1 (1) 5, 5, 10, 5　(2) $-8a+20$　(3) $4x+15$　(4) $-3y+4$
　(5) 7, 7, 14, 21　(6) $-18y+6$　(7) $7a-1$　(8) $-4x+\dfrac{2}{3}$

2 (1) $\dfrac{1}{3}$, $\dfrac{1}{3}$, $\dfrac{1}{3}$, 2, 3　(2) $3a-6$　(3) $-2x+4$　(4) $3x-1$
　(5) $2a+8$　(6) $-6x+15$　(7) $-10a+\dfrac{5}{2}$

1 (2) $-4(2a-5) = (-4) \times 2a + (-4) \times (-5)$

$\qquad\qquad = -8a + 20$

(3) $12\left(\dfrac{1}{3}x + \dfrac{5}{4} \right) = 12 \times \dfrac{1}{3}x + 12 \times \dfrac{5}{4}$

$\qquad\qquad = 4x + 15$

(4) $\dfrac{2}{3}\left(-\dfrac{9}{2}y + 6 \right) = \dfrac{2}{3} \times \left(-\dfrac{9}{2}y \right) + \dfrac{2}{3} \times 6$

$\qquad\qquad = -3y + 4$

(6) $(6y-2) \times (-3) = 6y \times (-3) - 2 \times (-3)$

$\qquad\qquad = -18y + 6$

(7) $(28a-4) \times \dfrac{1}{4} = 28a \times \dfrac{1}{4} - 4 \times \dfrac{1}{4}$

$\qquad\qquad = 7a - 1$

🟡 동류항 / 동류항의 계산　　　　57쪽

1 (1) x와 $-3x$, $2y$와 $6y$, -4와 7　(2) 1과 5, $\dfrac{1}{3}x$와 $-x$

2 (1) a와 $2a$, -3과 1　(2) $6x$와 $-3x$, $\dfrac{y}{2}$와 $-5y$

　(3) $4a$와 $-a$, $-b$와 $5b$, 2와 $\dfrac{3}{4}$

3 (1) 4, 7　(2) 7, -3　(3) $9a$　(4) $4b+2$
　(5) $6x+1$　(6) $4x-y$　(7) $-2a+4b$　(8) $2a+2$

3 (3) $3a+8a-2a = (3+8-2)a = 9a$

(4) $9b-1-5b+3 = 9b-5b-1+3$

$\qquad\qquad = (9-5)b + (-1+3)$

$\qquad\qquad = 4b + 2$

(5) $7x+3x-1-4x+2 = 7x+3x-4x-1+2$

$\qquad\qquad = (7+3-4)x + (-1+2)$

$\qquad\qquad = 6x + 1$

$$(6)\ y-4x+8x-2y=-4x+8x+y-2y$$
$$=(-4+8)x+(1-2)y$$
$$=4x-y$$

$$(7)\ -6a+5b-b+4a=-6a+4a+5b-b$$
$$=(-6+4)a+(5-1)b$$
$$=-2a+4b$$

$$(8)\ \frac{4}{3}a+6+\frac{2}{3}a-4=\frac{4}{3}a+\frac{2}{3}a+6-4$$
$$=\left(\frac{4}{3}+\frac{2}{3}\right)a+2$$
$$=2a+2$$

⑩ 일차식의 덧셈과 뺄셈

1 (1) 2, 5, 2, 5, 3, 1　(2) $6x+9$　(3) $-12x+1$
　(4) 6, 1, 6, 1, 3, 8　(5) $7x-4$　(6) $-13x+6$

2 (1) 6, 3, 6, 3, 8, 5　(2) $-11x+13$　(3) $10x-2$
　(4) $12x+11$　(5) $-3x+4$　(6) $\frac{11}{3}x-1$
　(7) 6, 9, 6, 9, 2, 13　(8) $-2x-7$　(9) $24x$
　(10) $14x-10$　(11) $-x-4$　(12) $\frac{4}{3}x+\frac{1}{3}$

3 (1) 2, 3, 2, 15, 2, 15, 11, 23, $\frac{11}{6}$, $\frac{23}{6}$　(2) $\frac{3}{4}x-\frac{5}{4}$
　(3) $\frac{5}{12}x+\frac{25}{12}$　(4) $\frac{3}{2}x-\frac{11}{6}$　(5) $\frac{5}{12}x-\frac{65}{12}$

1
$$(2)\ (2x+6)+(4x+3)=2x+6+4x+3$$
$$=2x+4x+6+3$$
$$=6x+9$$
$$(3)\ (2-7x)+(-5x-1)=2-7x-5x-1$$
$$=-7x-5x+2-1$$
$$=-12x+1$$
$$(5)\ (5x-3)-(-2x+1)=5x-3+2x-1$$
$$=5x+2x-3-1$$
$$=7x-4$$
$$(6)\ (-4x+1)-(9x-5)=-4x+1-9x+5$$
$$=-4x-9x+1+5$$
$$=-13x+6$$

2
$$(2)\ 3(4-2x)+(-5x+1)=12-6x-5x+1$$
$$=-6x-5x+12+1$$
$$=-11x+13$$
$$(3)\ 4(2x+1)+2(x-3)=8x+4+2x-6$$
$$=8x+2x+4-6$$
$$=10x-2$$
$$(4)\ (5x-3)+7(x+2)=5x-3+7x+14$$
$$=5x+7x-3+14$$
$$=12x+11$$
$$(5)\ \frac{1}{3}(6x+15)+\frac{1}{2}(-10x-2)=2x+5-5x-1$$
$$=2x-5x+5-1$$
$$=-3x+4$$

$$(6)\ \frac{2}{3}(5x-2)+\frac{1}{3}(x+1)=\frac{10}{3}x-\frac{4}{3}+\frac{1}{3}x+\frac{1}{3}$$
$$=\frac{10}{3}x+\frac{1}{3}x-\frac{4}{3}+\frac{1}{3}$$
$$=\frac{11}{3}x-1$$
$$(8)\ -(4x-3)-2(5-x)=-4x+3-10+2x$$
$$=-4x+2x+3-10$$
$$=-2x-7$$
$$(9)\ 3(8+4x)-4(-3x+6)=24+12x+12x-24$$
$$=12x+12x+24-24$$
$$=24x$$
$$(10)\ 8\left(\frac{1}{4}x-1\right)-6\left(\frac{1}{3}-2x\right)=2x-8-2+12x$$
$$=2x+12x-8-2$$
$$=14x-10$$
$$(11)\ \frac{1}{4}(8x-12)-\frac{1}{3}(9x+3)=2x-3-3x-1$$
$$=2x-3x-3-1$$
$$=-x-4$$
$$(12)\ \frac{5}{3}(x+1)-\frac{1}{6}(2x+8)=\frac{5}{3}x+\frac{5}{3}-\frac{1}{3}x-\frac{4}{3}$$
$$=\frac{5}{3}x-\frac{1}{3}x+\frac{5}{3}-\frac{4}{3}$$
$$=\frac{4}{3}x+\frac{1}{3}$$

3
$$(2)\ \frac{x-3}{2}+\frac{x+1}{4}=\frac{2(x-3)+(x+1)}{4}$$
$$=\frac{2x-6+x+1}{4}$$
$$=\frac{2x+x-6+1}{4}$$
$$=\frac{3x-5}{4}=\frac{3}{4}x-\frac{5}{4}$$
$$(3)\ \frac{2x+4}{3}-\frac{x-3}{4}=\frac{4(2x+4)-3(x-3)}{12}$$
$$=\frac{8x+16-3x+9}{12}$$
$$=\frac{8x-3x+16+9}{12}$$
$$=\frac{5x+25}{12}=\frac{5}{12}x+\frac{25}{12}$$
$$(4)\ \frac{5x-1}{2}-\frac{3x+4}{3}=\frac{3(5x-1)-2(3x+4)}{6}$$
$$=\frac{15x-3-6x-8}{6}$$
$$=\frac{15x-6x-3-8}{6}$$
$$=\frac{9x-11}{6}=\frac{3}{2}x-\frac{11}{6}$$
$$(5)\ \frac{3(x-7)}{4}-\frac{2x+1}{6}=\frac{9(x-7)-2(2x+1)}{12}$$
$$=\frac{9x-63-4x-2}{12}$$
$$=\frac{9x-4x-63-2}{12}$$
$$=\frac{5x-65}{12}=\frac{5}{12}x-\frac{65}{12}$$

11 등식
60쪽

1 (1) ○ (2) × (3) × (4) ○ (5) ○
2 (1) 좌변: 3+6, 우변: 9 (2) 좌변: $x-3$, 우변: 2
 (3) 좌변: $5x$, 우변: $x+7$ (4) 좌변: $2x-1$, 우변: $x+3$
3 (1) 2, 2 (2) $5000+800x=7400$ (3) $3x=24$
 (4) $120-3x=18$ (5) $100-6x=4$

3 (1) 어떤 수 x의 5배에 2를 더한 값은 / x의 2배에서 7을 뺀 값과
 $\underbrace{x \times 5 + 2}$ $=$ $\underbrace{x \times 2 - 7}$
 같다.
 ➡ $5x+2=2x-7$

 (2) 2500원짜리 김밥 2줄과 800원짜리 튀김 x개의 가격은 /
 $\underbrace{2500 \times 2 + 800 \times x}$ $=$
 7400원이다.
 $\underbrace{7400}$
 ➡ $5000+800x=7400$

 (3) 한 변의 길이가 x cm인 정삼각형의 둘레의 길이는 / 24 cm
 $\underbrace{3 \times x}$ $=$ $\underbrace{24}$
 이다.
 ➡ $3x=24$

 (4) 길이가 120 cm인 끈에서 x cm씩 3번을 잘라 냈더니 /
 $\underbrace{120 - x \times 3}$ $=$
 18 cm가 남았다.
 $\underbrace{18}$
 ➡ $120-3x=18$

 (5) 100개의 미세 먼지 마스크를 6개의 상자에 x개씩 나누어 담
 $\underbrace{100 - x \times 6}$ $=$
 았더니 / 4개가 남았다.
 $\underbrace{4}$
 ➡ $100-6x=4$

12 방정식과 그 해
61쪽

1 표는 풀이 참조
 (1) 해: $x=1$ (2) 해: $x=1$ (3) 해: $x=-1$
2 (1) 2, 7, ○ (2) ○ (3) × (4) ○ (5) ○ (6) ×

1 (1)

x의 값	좌변의 값	우변의 값	참/거짓
-1	$3\times(-1)-2=-5$	1	거짓
0	$3\times0-2=-2$	1	거짓
1	$3\times1-2=1$	1	참

(2)

x의 값	좌변의 값	우변의 값	참/거짓
-1	$2\times(-1)=-2$	$3\times(-1)-1=-4$	거짓
0	$2\times0=0$	$3\times0-1=-1$	거짓
1	$2\times1=2$	$3\times1-1=2$	참

(3)

x의 값	좌변의 값	우변의 값	참/거짓
-1	$-1+10=9$	$5-4\times(-1)=9$	참
0	$0+10=10$	$5-4\times0=5$	거짓
1	$1+10=11$	$5-4\times1=1$	거짓

2 (2) (좌변)$=5\times1-2=3$,
 (우변)$=1+2=3$ ➡ 참
 (3) (좌변)$=-2\times(-4+1)=6$,
 (우변)$=8$ ➡ 거짓
 (4) (좌변)$=-3\times\dfrac{1}{3}+6=5$,
 (우변)$=5$ ➡ 참
 (5) (좌변)$=5\times(-3)+1=-14$,
 (우변)$=2\times(-3)-8=-14$ ➡ 참
 (6) (좌변)$=\dfrac{1}{2}\times0-4=-4$,
 (우변)$=4$ ➡ 거짓

13 항등식
62쪽

1 (1) $3x$, ○ (2) × (3) ○ (4) × (5) ○ (6) ×
2 (1) 1 (2) $a=4$, $b=-2$ (3) $a=2$, $b=5$
 (4) $a=-3$, $b=-1$ (5) $a=3$, $b=-3$

1 (1) (좌변)$=5x-2x=3x$
 즉, (좌변)=(우변)이므로 항등식이다.
 (3) (좌변)$=2(x-3)=2x-6$
 즉, (좌변)=(우변)이므로 항등식이다.
 (5) (우변)$=2x+7-x=x+7$
 즉, (좌변)=(우변)이므로 항등식이다.
 (6) (좌변)$=4(x-2)-x=4x-8-x=3x-8$
 즉, (좌변)≠(우변)이므로 항등식이 아니다.

2 (5) $a=3$, $12=-4b$이므로
 $a=3$, $b=-3$

14 등식의 성질
63쪽

1 (1) 2 (2) 3 (3) 5 (4) 4
2 (1) ○ (2) × (3) ○ (4) × (5) ○ (6) ×
3 (1) ㄴ, ㄹ (2) ㄱ, ㄷ
4 (1) 3, 3, 11 (2) $x=2$ (3) $x=-2$ (4) $x=-3$

2 (1) $a=b$의 양변에 1을 더하면 $a+1=b+1$
 (2) $a=b$의 양변에서 4를 빼면 $a-4=b-4$
 (3) $a=b$의 양변에서 b를 빼면 $a-b=b-b$ ∴ $a-b=0$
 (4) $a+6=b-6$의 양변에서 6을 빼면
 $a+6-6=b-6-6$ ∴ $a=b-12$
 (5) $\dfrac{a}{3}=\dfrac{b}{2}$의 양변에 6을 곱하면
 $\dfrac{a}{3}\times6=\dfrac{b}{2}\times6$ ∴ $2a=3b$

(6) $c=0$일 때는 성립하지 않는다.

예를 들어 $a=2$, $b=3$, $c=0$이면 $2\times0=3\times0$으로 $ac=bc$이지만 $a\neq b$이다.

3 (1) $2x+4=6$의 양변에서 4를 빼면 (ㄴ)

$2x+4-4=6-4$ $\therefore 2x=2$

$2x=2$의 양변을 2로 나누면 (ㄹ)

$\dfrac{2x}{2}=\dfrac{2}{2}$ $\therefore x=1$

(2) $\dfrac{1}{4}x-3=2$의 양변에 3을 더하면 (ㄱ)

$\dfrac{1}{4}x-3+3=2+3$ $\therefore \dfrac{1}{4}x=5$

$\dfrac{1}{4}x=5$의 양변에 4를 곱하면 (ㄷ)

$\dfrac{1}{4}x\times4=5\times4$ $\therefore x=20$

4 (2) $4x+2=10$의 양변에서 2를 빼면

$4x+2-2=10-2$ $\therefore 4x=8$

$4x=8$의 양변을 4로 나누면

$\dfrac{4x}{4}=\dfrac{8}{4}$ $\therefore x=2$

(3) $-5x-1=9$의 양변에 1을 더하면

$-5x-1+1=9+1$ $\therefore -5x=10$

$-5x=10$의 양변을 -5로 나누면

$\dfrac{-5x}{-5}=\dfrac{10}{-5}$ $\therefore x=-2$

(4) $\dfrac{1}{3}x-2=-3$의 양변에 2를 더하면

$\dfrac{1}{3}x-2+2=-3+2$ $\therefore \dfrac{1}{3}x=-1$

$\dfrac{1}{3}x=-1$의 양변에 3을 곱하면

$\dfrac{1}{3}x\times3=-1\times3$ $\therefore x=-3$

15 이항 / 일차방정식
64쪽

1 (1) $+$ (2) $-$ (3) $+$, $-$ (4) $-$, $-$

2 (1) $2x=7-5$ (2) $3x-x=4$

(3) $-6x-5x=-3-4$ (4) $-x-9x=10-9$

3 (1) ○   (2) $4x+5$, ○   (3) 0, ×

(4) x^2+6, ×   (5) $2x^2+8x-3$, ×   (6) $2x+1$, ○

3 등식에서 모든 항을 좌변으로 이항하여 정리했을 때, (일차식)$=0$의 꼴이면 일차방정식이다.

(1) $3x+2=1$에서 $3x+2-1=0$

즉, $3x+1=0$이므로 일차방정식이다.

(2) $2x+5=-2x$에서 $2x+5+2x=0$

즉, $4x+5=0$이므로 일차방정식이다.

(3) $-(x+6)=-x-6$에서 $-x-6=-x-6$

$-x-6+x+6=0$

즉, $0=0$이므로 일차방정식이 아니다.

(4) $6+x=x-x^2$에서 $6+x-x+x^2=0$

즉, $x^2+6=0$이므로 일차방정식이 아니다.

(5) $4x+2x^2=3-4x$에서 $4x+2x^2-3+4x=0$

즉, $2x^2+8x-3=0$이므로 일차방정식이 아니다.

(6) $x^2+3x=x^2-(1-x)$에서 $x^2+3x=x^2-1+x$

$x^2+3x-x^2+1-x=0$

즉, $2x+1=0$이므로 일차방정식이다.

16 일차방정식의 풀이
65쪽

1 풀이 참조

2 (1) $x=-2$ (2) $x=4$ (3) $x=-5$ (4) $x=2$ (5) $x=3$

(6) $x=-4$ (7) $x=4$ (8) $x=\dfrac{7}{5}$

1 (1) $3x-4=8$

$3x=8+\boxed{4}$ ← -4를 이항하면

$3x=\boxed{12}$

$\therefore x=\boxed{4}$ ⟩ 양변을 $\boxed{3}$으로 나누면

(2) $4x+12=-2x$

$4x+\boxed{2}x=-\boxed{12}$ ⟩ 12, $-2x$를 각각 이항하면

$\boxed{6}x=-\boxed{12}$

$\therefore x=\boxed{-2}$ ⟩ 양변을 $\boxed{6}$으로 나누면

(3) $2(x-4)=5x+1$

$2x-\boxed{8}=5x+1$ ⟩ 괄호를 풀면

$2x-\boxed{5}x=1+\boxed{8}$ ⟩ -8, $5x$를 각각 이항하면

$-\boxed{3}x=\boxed{9}$

$\therefore x=\boxed{-3}$ ⟩ 양변을 -3으로 나누면

2 (1) $5x+7=-3$에서 $5x=-3-7$

$5x=-10$ $\therefore x=-2$

(2) $28-2x=5x$에서 $-2x-5x=-28$

$-7x=-28$ $\therefore x=4$

(3) $4x-1=x-16$에서 $4x-x=-16+1$

$3x=-15$ $\therefore x=-5$

(4) $-2x+9=6x-7$에서 $-2x-6x=-7-9$

$-8x=-16$ $\therefore x=2$

(5) $4(1-x)=7-5x$에서

$4-4x=7-5x$

$-4x+5x=7-4$

$\therefore x=3$

(6) $-3x=2(x+7)+6$에서

$-3x=2x+14+6$

$-3x-2x=20$

$-5x=20$ $\therefore x=-4$

(7) $11-5(x-1)=4-2x$에서

$11-5x+5=4-2x$

$-5x+2x=4-11-5$

$-3x=-12$ $\therefore x=4$

20 정답과 해설

(8) $3(4-5x)=x-2(3x+1)$에서

$\qquad 12-15x=x-6x-2$

$\qquad -15x-x+6x=-2-12$

$\qquad -10x=-14 \qquad \therefore x=\dfrac{7}{5}$

17 복잡한 일차방정식의 풀이

1 풀이 참조
2 (1) $x=3$ (2) $x=-21$ (3) $x=6$ (4) $x=-14$
3 풀이 참조
4 (1) $x=6$ (2) $x=-8$ (3) $x=-36$ (4) $x=1$
5 풀이 참조
6 (1) $x=-\dfrac{1}{4}$ (2) $x=14$ (3) $x=-90$ (4) $x=-\dfrac{1}{4}$

1 (1) $0.5x+0.3=0.2x$ ⎫ 양변에 $\boxed{10}$ 을 곱하면

$\qquad 5x+\boxed{3}=2x$

$\qquad 5x-\boxed{2}=-\boxed{3}$ ⎱ $\boxed{3}$, $2x$를 각각 이항하면

$\qquad \boxed{3}x=-\boxed{3}$

$\qquad \therefore x=\boxed{-1}$ ⎱ 양변을 $\boxed{3}$으로 나누면

(2) $0.02x-0.16=0.08$ ⎫ 양변에 $\boxed{100}$ 을 곱하면

$\qquad 2x-\boxed{16}=8$

$\qquad \boxed{2}x=8+\boxed{16}$ ⎱ $-\boxed{16}$ 을 이항하면

$\qquad \boxed{2}x=\boxed{24}$

$\qquad \therefore x=\boxed{12}$ ⎱ 양변을 $\boxed{2}$ 로 나누면

2 (1) $0.3x+0.6=1.5$의 양변에 10을 곱하면

$\qquad 3x+6=15$

$\qquad 3x=15-6$

$\qquad 3x=9 \qquad \therefore x=3$

(2) $0.4x-0.3=0.7x+6$의 양변에 10을 곱하면

$\qquad 4x-3=7x+60$

$\qquad 4x-7x=60+3$

$\qquad -3x=63 \qquad \therefore x=-21$

(3) $0.05x-0.1=0.2x-1$의 양변에 100을 곱하면

$\qquad 5x-10=20x-100$

$\qquad 5x-20x=-100+10$

$\qquad -15x=-90 \qquad \therefore x=6$

(4) $0.3x-0.2=0.4(x+3)$의 양변에 10을 곱하면

$\qquad 3x-2=4(x+3)$

$\qquad 3x-2=4x+12$

$\qquad 3x-4x=12+2$

$\qquad -x=14 \qquad \therefore x=-14$

3 (1) $\dfrac{1}{4}x-\dfrac{3}{2}=\dfrac{1}{2}x$ ⎫ 양변에 $\boxed{4}$ 를 곱하면

$\qquad x-\boxed{6}=2x$

$\qquad x-\boxed{2}x=\boxed{6}$ ⎱ $-\boxed{6}$, $2x$를 각각 이항하면

$\qquad \boxed{-}x=\boxed{6}$

$\qquad \therefore x=\boxed{-6}$ ⎱ 양변을 $\boxed{-1}$로 나누면

(2) $\dfrac{x}{4}=\dfrac{x+2}{6}$ ⎫ 양변에 $\boxed{12}$를 곱하면

$\qquad \boxed{3}x=2(x+2)$

$\qquad \boxed{3}x=2x+\boxed{4}$ ⎱ 괄호를 풀면

$\qquad \boxed{3}x-2x=\boxed{4}$ ⎱ $\boxed{2x}$를 이항하면

$\qquad \therefore x=\boxed{4}$

4 (1) $\dfrac{1}{3}x+\dfrac{1}{2}=\dfrac{5}{2}$ 의 양변에 6을 곱하면

$\qquad 2x+3=15, \ 2x=15-3$

$\qquad 2x=12 \qquad \therefore x=6$

(2) $\dfrac{2x-3}{4}=\dfrac{5x+2}{8}$의 양변에 8을 곱하면

$\qquad 2(2x-3)=5x+2$

$\qquad 4x-6=5x+2$

$\qquad 4x-5x=2+6$

$\qquad -x=8 \qquad \therefore x=-8$

(3) $\dfrac{1}{3}x-1=\dfrac{2x+7}{5}$의 양변에 15를 곱하면

$\qquad 5x-15=3(2x+7)$

$\qquad 5x-15=6x+21$

$\qquad 5x-6x=21+15$

$\qquad -x=36 \qquad \therefore x=-36$

(4) $\dfrac{3}{2}x-\dfrac{1}{3}=\dfrac{1}{6}(x+6)$의 양변에 6을 곱하면

$\qquad 9x-2=x+6$

$\qquad 9x-x=6+2$

$\qquad 8x=8 \qquad \therefore x=1$

5 $\dfrac{2}{5}x-1=0.3x$ ⎫

$\qquad \dfrac{2}{5}x-1=\dfrac{\boxed{3}}{\boxed{10}}x$ ⎱ 소수를 분수로 고치면

$\qquad 4x-\boxed{10}=\boxed{3}x$ ⎱ 양변에 $\boxed{10}$을 곱하면

$\qquad 4x-\boxed{3}x=\boxed{10}$ ⎱ $-\boxed{10}$, $\boxed{3x}$를 각각 이항하면

$\qquad \therefore x=\boxed{10}$

6 (1) $\dfrac{3}{2}x+\dfrac{1}{5}=0.7x$에서

소수를 분수로 고치면 $\dfrac{3}{2}x+\dfrac{1}{5}=\dfrac{7}{10}x$

양변에 10을 곱하면 $15x+2=7x$

$\qquad 15x-7x=-2, \ 8x=-2 \qquad \therefore x=-\dfrac{1}{4}$

(2) $0.1x-\dfrac{1}{2}=0.9$에서

소수를 분수로 고치면 $\dfrac{1}{10}x-\dfrac{1}{2}=\dfrac{9}{10}$

양변에 10을 곱하면 $x-5=9$

$\qquad x=9+5 \qquad \therefore x=14$

(3) $0.2x-3=\dfrac{1}{4}(x+2)+1$에서

소수를 분수로 고치면 $\dfrac{1}{5}x-3=\dfrac{1}{4}(x+2)+1$

양변에 20을 곱하면 $4x-60=5(x+2)+20$

$\qquad 4x-60=5x+10+20$

$\qquad 4x-5x=10+20+60$

$\qquad -x=90 \qquad \therefore x=-90$

III. 문자와 식 **21**

(4) $0.3(x-1)=\dfrac{1}{6}x-\dfrac{1}{3}$ 에서

소수를 분수로 고치면

$\dfrac{3}{10}(x-1)=\dfrac{1}{6}x-\dfrac{1}{3}$

양변에 30을 곱하면

$9(x-1)=5x-10$

$9x-9=5x-10$

$9x-5x=-10+9$

$4x=-1$ ∴ $x=-\dfrac{1}{4}$

68쪽

18 일차방정식의 활용 (1)

1 (1) $x-1$, $x+1$ (2) 78, $x-1+x+x+1=78$
   (3) $x=26$ (4) 25, 26, 27
2 47, 49, 51
3 (1) $x-4$ (2) 32, $x+x-4=32$ (3) $x=18$ (4) 14세
4 15년 후

1 (3) $x-1+x+x+1=78$ 에서
   $3x=78$ ∴ $x=26$
   (4) 연속하는 세 자연수 중 가운데 수가 26이므로 구하는 세 자연수는 25, 26, 27이다.
   [확인] 세 자연수: 25, 26, 27
   　　　세 자연수의 합: $25+26+27=78$

2 연속하는 세 홀수 중 가운데 수를 x라 하면
   세 홀수는 $x-2$, x, $x+2$이다.
   이때 연속하는 세 홀수의 합이 147이므로
   $x-2+x+x+2=147$
   $3x=147$ ∴ $x=49$
   따라서 연속하는 세 홀수 중 가운데 수가 49이므로 구하는 세 홀수는 47, 49, 51이다.
   [확인] 세 홀수: 47, 49, 51
   　　　세 홀수의 합: $47+49+51=147$

3 (3) $x+x-4=32$ 에서
   $2x=36$ ∴ $x=18$
   (4) 언니의 나이가 18세이므로 동생의 나이는
   $18-4=14$(세)
   [확인] 언니의 나이: 18세, 동생의 나이: 14세
   　　　언니와 동생의 나이의 합: $18+14=32$(세)

4 x년 후의 아버지의 나이는 $(43+x)$세이고,
   아들의 나이는 $(14+x)$세이다.
   이때 (x년 후의 아버지의 나이)$=2\times$(x년 후의 아들의 나이)
   이므로
   $43+x=2(14+x)$
   $43+x=28+2x$
   $x-2x=28-43$
   $-x=-15$ ∴ $x=15$

따라서 아버지의 나이가 아들의 나이의 2배가 되는 것은 15년 후이다.

[확인] 15년 후 아버지의 나이: $43+15=58$(세) ⟶ $58=\boxed{2}\times29$
　　　15년 후 아들의 나이: $14+15=29$(세)

69쪽

19 일차방정식의 활용 (2)

1 (1) $\dfrac{x}{2}$시간, $\dfrac{x}{3}$시간 (2) 5, $\dfrac{x}{2}+\dfrac{x}{3}=5$ (3) $x=6$ (4) 6 km
2 26 km
3 (1) $\dfrac{x}{15}$시간, $\dfrac{x}{10}$시간
   (2) $\dfrac{30}{60}\left(또는\ \dfrac{1}{2}\right)$, $\dfrac{x}{10}-\dfrac{x}{15}=\dfrac{30}{60}\left(또는\ \dfrac{x}{10}-\dfrac{x}{15}=\dfrac{1}{2}\right)$
   (3) $x=15$ (4) 15 km
4 2 km

1 (3) $\dfrac{x}{2}+\dfrac{x}{3}=5$의 양변에 6을 곱하면
   $3x+2x=30$, $5x=30$ ∴ $x=6$
   (4) 올라갈 때 걸어간 거리는 6 km이다.
   [확인] 올라갈 때 걸린 시간: $\dfrac{6}{2}=3$(시간)
   　　　내려올 때 걸린 시간: $\dfrac{6}{3}=2$(시간)
   　　　총 걸린 시간: $3+2=5$(시간)

2 두 지점 A, B 사이의 거리를 x km라 하면

	갈 때	올 때
속력	시속 30 km	시속 20 km
거리	x km	x km
시간	$\dfrac{x}{30}$시간	$\dfrac{x}{20}$시간

이때 총 2시간 10분, 즉 $2\dfrac{10}{60}\left(=\dfrac{13}{6}\right)$시간이 걸렸으므로
$\dfrac{x}{30}+\dfrac{x}{20}=\dfrac{13}{6}$
양변에 60을 곱하면 $2x+3x=130$
$5x=130$ ∴ $x=26$
따라서 두 지점 A, B 사이의 거리는 26 km이다.
[확인] 갈 때 걸린 시간: $\dfrac{26}{30}=\dfrac{13}{15}$(시간)
　　　올 때 걸린 시간: $\dfrac{26}{20}=\dfrac{13}{10}$(시간)
　　　총 걸린 시간: $\dfrac{13}{15}+\dfrac{13}{10}=\dfrac{13}{6}$(시간), 즉 2시간 10분

3 (3) $\dfrac{x}{10}-\dfrac{x}{15}=\dfrac{1}{2}$의 양변에 30을 곱하면
   $3x-2x=15$ ∴ $x=15$
   (4) 두 지점 A, B 사이의 거리는 15 km이다.
   [확인] 갈 때 걸린 시간: $\dfrac{15}{15}=1$(시간)
   　　　올 때 걸린 시간: $\dfrac{15}{10}=\dfrac{3}{2}$(시간)
   　　　시간 차: $\dfrac{3}{2}-1=\dfrac{1}{2}$(시간), 즉 30분

4 집에서 영화관까지의 거리를 $x\,\text{km}$라 하면

	자전거를 타고 갈 때	걸어서 갈 때
속력	시속 12 km	시속 4 km
거리	$x\,\text{km}$	$x\,\text{km}$
시간	$\dfrac{x}{12}$시간	$\dfrac{x}{4}$시간

이때 자전거를 타고 가면 걸어서 가는 것보다 20분, 즉
$\dfrac{20}{60}\left(=\dfrac{1}{3}\right)$시간 빨리 도착하므로

$\dfrac{x}{4}-\dfrac{x}{12}=\dfrac{1}{3}$

양변에 12를 곱하면 $3x-x=4$

$2x=4$　∴ $x=2$

따라서 집에서 영화관까지의 거리는 $2\,\text{km}$이다.

[확인] 자전거를 타고 갈 때 걸리는 시간: $\dfrac{2}{12}=\dfrac{1}{6}$(시간)

　　　걸어서 갈 때 걸리는 시간: $\dfrac{2}{4}=\dfrac{1}{2}$(시간)

　　　시간 차: $\dfrac{1}{2}-\dfrac{1}{6}=\dfrac{1}{3}$(시간), 즉 20분

대단원 개념 마무리

70쪽~71쪽

1 (1) $-0.1axy$　(2) $9x-7y$　(3) $\dfrac{x}{5yz}$　(4) $\dfrac{a+b}{24}$

2 (1) 18　(2) $\dfrac{6}{7}$　(3) -1　(4) 2

3 (1) $3x,\ -8x^2,\ 10$　(2) 10　(3) 3

　(4) -8　(5) 2

4 (1) $-\dfrac{15}{2}x$　(2) $-15y$　(3) $-9a+6$　(4) $-21y-14$

5 (1) $-11x-3$　(2) $-x+12$

　(3) $-7x+24$　(4) $-\dfrac{11}{6}x-2$

6 (1) $2x-9=4x+16$　(2) $5000-600x=200$

　(3) $2(x+x+3)=30$

7 (1) ○　(2) ×　(3) ○

8 (1) $a=5,\ b=-8$　(2) $a=-3,\ b=9$

　(3) $a=5,\ b=-7$

9 (1) ×　(2) ×　(3) ○

10 ㄱ, ㄷ, ㄹ

11 (1) $x=5$　(2) $x=\dfrac{1}{3}$　(3) $x=-16$　(4) $x=\dfrac{18}{5}$

　(5) $x=\dfrac{8}{3}$　(6) $x=\dfrac{11}{4}$

12 60　　**13** 7년 후　　**14** $8\,\text{km}$

---

1 (3) $x\div5\div y\div z=x\times\dfrac{1}{5}\times\dfrac{1}{y}\times\dfrac{1}{z}=\dfrac{x}{5yz}$

　(4) $\dfrac{1}{3}\times(a+b)\div8=\dfrac{1}{3}\times(a+b)\times\dfrac{1}{8}=\dfrac{a+b}{24}$

---

2 (1) $a^2-3a=(-3)^2-3\times(-3)=9+9=18$

　(2) $\dfrac{x-2y}{2x+y}=\dfrac{4-2\times(-1)}{2\times4+(-1)}=\dfrac{4+2}{8-1}=\dfrac{6}{7}$

　(3) $8a+9b=8\times\left(-\dfrac{1}{2}\right)+9\times\dfrac{1}{3}$

　　　$=-4+3=-1$

　(4) $-\dfrac{7}{x}-\dfrac{5}{y}=-7\div x-5\div y$

　　　$=-7\div\dfrac{1}{4}-5\div\left(-\dfrac{1}{6}\right)$

　　　$=-7\times4-5\times(-6)$

　　　$=-28+30=2$

---

4 (1) $\dfrac{5}{4}x\times(-6)=\dfrac{5}{4}\times x\times(-6)$

　　　$=\left\{\dfrac{5}{4}\times(-6)\right\}\times x$

　　　$=-\dfrac{15}{2}x$

　(2) $(-9y)\div\dfrac{3}{5}=(-9)\times y\times\dfrac{5}{3}$

　　　$=\left\{(-9)\times\dfrac{5}{3}\right\}\times y$

　　　$=-15y$

　(3) $\dfrac{3}{2}(-6a+4)=\dfrac{3}{2}\times(-6a)+\dfrac{3}{2}\times4$

　　　$=-9a+6$

　(4) $(12y+8)\div\left(-\dfrac{4}{7}\right)=(12y+8)\times\left(-\dfrac{7}{4}\right)$

　　　$=12y\times\left(-\dfrac{7}{4}\right)+8\times\left(-\dfrac{7}{4}\right)$

　　　$=-21y-14$

---

5 (1) $2(2x-4)+5(-3x+1)=4x-8-15x+5$

　　　$=4x-15x-8+5$

　　　$=-11x-3$

　(2) $\dfrac{3}{4}(4x+8)-\dfrac{2}{3}(6x-9)=3x+6-4x+6$

　　　$=3x-4x+6+6$

　　　$=-x+12$

　(3) $9(-x+3)+\dfrac{1}{5}(10x-15)=-9x+27+2x-3$

　　　$=-9x+2x+27-3$

　　　$=-7x+24$

　(4) $\dfrac{5x+6}{3}-\dfrac{7x+8}{2}=\dfrac{2(5x+6)-3(7x+8)}{6}$

　　　$=\dfrac{10x+12-21x-24}{6}$

　　　$=\dfrac{10x-21x+12-24}{6}$

　　　$=\dfrac{-11x-12}{6}$

　　　$=-\dfrac{11}{6}x-2$

---

6 (1) 어떤 수 x의 2배에서 9를 뺀 값은 $\underset{x\times2-9}{\underline{\text{어떤 수 }x\text{의 2배에서 9를 뺀 값}}}$ 은 $\underset{x\times4+16}{\underline{x\text{의 4배에 16을 더한 값}}}$
과 같다.

　➡ $2x-9=4x+16$

(2) 1개에 600원인 사탕 x개를 사고 5000원을 냈더니 거스름돈으로 200원을 받았다.

$\underbrace{5000-600\times x}=\underbrace{200}$

➡ $5000-600x=200$

(3) 가로의 길이가 x cm, 세로의 길이가 $(x+3)$ cm인 직사각형의 둘레의 길이는 $\underbrace{2\times(x+x+3)}=\underbrace{30}$ cm이다.

➡ $2(x+x+3)=30$

7 (1) (좌변)$=11\times3-9=24$,
(우변)$=6(3+1)=24$ ➡ 참

(2) (좌변)$=-4\times\left(-\dfrac{1}{2}\right)+1=3$,
(우변)$=\dfrac{3}{2}\times\left(-\dfrac{1}{2}\right)=-\dfrac{3}{4}$ ➡ 거짓

(3) (좌변)$=\dfrac{1}{3}\times8-1=\dfrac{5}{3}$,
(우변)$=\dfrac{1}{6}\times(8+2)=\dfrac{5}{3}$ ➡ 참

8 (2) $2a=-6,-9=-b$이므로
$a=-3,b=9$

(3) $15=3a,-b=7$이므로
$a=5,b=-7$

9 (1) $\dfrac{a}{2}=b$의 양변에 2를 곱하면
$a=2b$ ∴ $a-2b=0$

(2) $3a=4b$의 양변을 12로 나누면
$\dfrac{3a}{12}=\dfrac{4b}{12}, \dfrac{a}{4}=\dfrac{b}{3}$ ∴ $\dfrac{a}{4}-\dfrac{b}{3}=0$

(3) $2-a=2+b$의 양변에서 2를 빼면
$-a=b$ ∴ $a+b=0$

10 등식에서 모든 항을 좌변으로 이항하여 정리했을 때,
(일차식)$=0$의 꼴이면 일차방정식이다.
ㄱ. $-x+2=3x-4$에서 $-x-3x+2+4=0$
즉, $-4x+6=0$이므로 일차방정식이다.
ㄴ. $2x-10=2(x-5)$에서 $2x-10=2x-10$
$2x-10-2x+10=0$
즉, $0=0$이므로 일차방정식이 아니다.
ㄷ. $x^2+3x-4=-3x+x^2$에서
$x^2+3x-4+3x-x^2=0$
즉, $6x-4=0$이므로 일차방정식이다.
ㄹ. $x(x+1)=x^2-2$에서 $x^2+x=x^2-2$
$x^2+x-x^2+2=0$
즉, $x+2=0$이므로 일차방정식이다.
따라서 일차방정식을 모두 고르면 ㄱ, ㄷ, ㄹ이다.

11 (1) $7x-10=2x+15$에서 $7x-2x=15+10$
$5x=25$ ∴ $x=5$

(2) $-3(x-4)=9x+8$에서 $-3x+12=9x+8$
$-3x-9x=8-12$
$-12x=-4$ ∴ $x=\dfrac{1}{3}$

(3) $0.15x+1=0.1(2+x)$의 양변에 100을 곱하면
$15x+100=10(2+x)$
$15x+100=20+10x$
$15x-10x=20-100$
$5x=-80$ ∴ $x=-16$

(4) $3x-\dfrac{7}{5}=\dfrac{3}{2}x+4$에서
양변에 10을 곱하면
$30x-14=15x+40$
$30x-15x=40+14$
$15x=54$ ∴ $x=\dfrac{18}{5}$

(5) $\dfrac{4x-10}{3}=\dfrac{-x+4}{6}$의 양변에 6을 곱하면
$2(4x-10)=-x+4$
$8x-20=-x+4$
$8x+x=4+20$
$9x=24$ ∴ $x=\dfrac{8}{3}$

(6) $\dfrac{2}{3}(x-2)=0.4x-\dfrac{3}{5}$에서
소수를 분수로 고치면
$\dfrac{2}{3}(x-2)=\dfrac{4}{10}x-\dfrac{3}{5}$
양변에 30을 곱하면
$20(x-2)=12x-18$
$20x-40=12x-18$
$20x-12x=-18+40$
$8x=22$ ∴ $x=\dfrac{11}{4}$

12 연속하는 세 짝수 중 가운데 수를 x라 하면
세 짝수는 $x-2$, x, $x+2$이다.
이때 연속하는 세 짝수의 합이 174이므로
$x-2+x+x+2=174$
$3x=174$ ∴ $x=58$
따라서 연속하는 세 짝수 중 가운데 수가 58이므로 가장 큰 짝수는 60이다.
[확인] 세 짝수: 56, 58, 60
세 짝수의 합: $56+58+60=174$

13 x년 후의 할머니의 나이는 $(77+x)$세이고,
손자의 나이는 $(14+x)$세이다.
이때 (x년 후의 할머니의 나이)$=4\times$(x년 후의 손자의 나이)
이므로
$77+x=4(14+x)$
$77+x=56+4x$
$x-4x=56-77$
$-3x=-21$ ∴ $x=7$
따라서 할머니의 나이가 손자의 나이의 4배가 되는 것은 7년 후이다.
[확인] 7년 후 할머니의 나이: $77+7=84$(세)
7년 후 손자의 나이: $14+7=21$(세)
➡ $84=4\times21$

14 두 지점 A, B 사이의 거리를 x km라 하면

	자동차를 타고 갈 때	자전거를 타고 갈 때
속력	시속 48 km	시속 12 km
거리	x km	x km
시간	$\dfrac{x}{48}$ 시간	$\dfrac{x}{12}$ 시간

이때 자동차를 타고 가면 자전거를 타고 가는 것보다 30분, 즉

$\dfrac{30}{60}\left(=\dfrac{1}{2}\right)$ 시간 빨리 도착하므로

$$\dfrac{x}{12}-\dfrac{x}{48}=\dfrac{1}{2}$$

양변에 48을 곱하면 $4x-x=24$

$3x=24$ ∴ $x=8$

따라서 두 지점 A, B 사이의 거리는 8 km이다.

[확인] 자동차를 타고 갈 때 걸리는 시간: $\dfrac{8}{48}=\dfrac{1}{6}$ (시간)

자전거를 타고 갈 때 걸리는 시간: $\dfrac{8}{12}=\dfrac{2}{3}$ (시간)

시간 차: $\dfrac{2}{3}-\dfrac{1}{6}=\dfrac{1}{2}$ (시간), 즉 30분

좌표평면과 그래프

Ⅳ·1 좌표와 그래프

순서쌍과 좌표

74쪽

1 A(-4), B$\left(-\dfrac{1}{2}\right)$ (또는 B(-0.5)), C(3)

2 풀이 참조

3 A$(1, 3)$, B$(-4, 1)$, C$(0, -3)$, D$(4, -2)$

4 풀이 참조

5 (1) $(0, 0)$ (2) $(5, 0)$ (3) $(0, 1)$

2
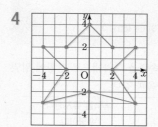

4

사분면

75쪽

1 좌표평면은 풀이 참조

(1) 제1사분면 (2) 제3사분면 (3) 제2사분면 (4) 제4사분면

2 (1) ㄴ, ㅁ (2) ㄷ, ㅂ

3 (1) $+$ (2) $+, -, 4$ (3) $+, +, 1$ (4) $+, -, 4$

(5) $-, +, 2$

1
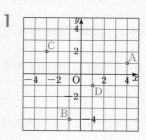

2 ㄱ. 점 A$(6, -1)$

➡ $(x$좌표$)>0$, $(y$좌표$)<0$이므로 제4사분면 위의 점

ㄴ. 점 B$(-4, -2)$

➡ $(x$좌표$)<0$, $(y$좌표$)<0$이므로 제3사분면 위의 점

ㄷ. 점 C$(0, 1)$

➡ y축 위의 점이므로 어느 사분면에도 속하지 않는다.

ㄹ. 점 $D(-2, 4)$
→ (x좌표)<0, (y좌표)>0이므로 제2사분면 위의 점

ㅁ. 점 $E(-4, -4)$
→ (x좌표)<0, (y좌표)<0이므로 제3사분면 위의 점

ㅂ. 점 $F(-5, 0)$
→ x축 위의 점이므로 어느 사분면에도 속하지 않는다.

③ 그래프의 이해
76쪽~77쪽

1 ㄷ
2 (1) ㄹ   (2) ㄱ, ㄷ   (3) ㄱ
3 (1) ㄱ   (2) ㄷ   (3) ㄹ
4 (1) 12분   (2) 250 m
5 (1) 100 km   (2) 2시간   (3) 60 km

1 그래프에서 x축은 시간, y축은 속력을 나타내므로 상황에 알맞은 그래프의 모양을 생각하면 다음과 같다.

상황	속력을 올린다.	속력을 유지한다.
그래프 모양	오른쪽 위로 향한다.	수평이다.

따라서 주어진 상황에 알맞은 그래프는 ㄷ이다.

2 (1) 양초를 절반만 태우고 멈추면 그 순간부터 양초의 길이는 변화 없이 유지된다.
따라서 상황에 알맞은 그래프는 ㄹ이다.
(2) 양초를 다 태우면 양초의 길이는 0이 된다.
따라서 상황에 알맞은 그래프는 ㄱ, ㄷ이다.
(3) 양초를 태우는 도중에 멈추면 그 순간부터 양초의 길이는 변화 없이 유지되고, 그 후 남은 양초를 다 태웠으므로 양초의 길이는 0이 된다.
따라서 상황에 알맞은 그래프는 ㄱ이다.

3 (1) 물통의 폭이 일정하므로 물의 높이는 일정하게 높아진다.
따라서 그래프로 알맞은 것은 ㄱ이다.
(2) 물통의 폭이 위로 갈수록 좁아지므로 물의 높이는 점점 빠르게 높아진다.
따라서 그래프로 알맞은 것은 ㄷ이다.
(3) 물통의 폭이 위로 갈수록 넓어지므로 물의 높이는 점점 느리게 높아진다.
따라서 그래프로 알맞은 것은 ㄹ이다.

5 (2) 생태 공원에 머문 시간은 집에서 떨어진 거리의 변화가 없는 10시부터 12시까지이므로 2시간이다.
(3) 생태 공원에서 휴게소까지의 거리는
$100-40=60$(km)

④ 정비례 관계
78쪽

1 (1) 4, 8, 12, 16, 20, $y=4x$
   (2) 2, 4, 6, 8, 10, $y=2x$
   (3) 9, 18, 27, 36, 45, $y=9x$
2 (1) $y=3x$ (2) $y=500x$ (3) $y=800x$
3 (1) $y=5x$ (2) $y=-4x$ (3) $y=-\dfrac{2}{3}x$

2 (1) (정삼각형의 둘레의 길이)$=3\times$(한 변의 길이)이므로
$y=3x$
(2) (연필의 가격)$=$(연필 한 자루의 가격)$\times$(연필의 수)이므로
$y=500x$
(3) (방류량)$=$(1초 동안 방류하는 물의 양)$\times$(시간)이므로
$y=800x$

3 (1) y가 x에 정비례하므로 $y=ax$에 $x=2$, $y=10$을 대입하면
$10=a\times 2$, $a=5$ ∴ $y=5x$
(2) y가 x에 정비례하므로 $y=ax$에 $x=3$, $y=-12$를 대입하면
$-12=a\times 3$, $a=-4$ ∴ $y=-4x$
(3) y가 x에 정비례하므로 $y=ax$에 $x=6$, $y=-4$를 대입하면
$-4=a\times 6$, $a=-\dfrac{2}{3}$ ∴ $y=-\dfrac{2}{3}x$

⑥ 정비례 관계의 활용
79쪽

1 (1) 풀이 참조   (2) $y=2x$ (3) 28 L
2 (1) $y=0.5x$ (2) 3 cm
3 (1) 풀이 참조   (2) $y=12x$ (3) 12 L
4 (1) $y=3x$ (2) 20분

1 (1)

x	1	2	3	4	…
y	2	4	6	8	…

(2) x분 후 물통 안에 있는 물의 양은 $2x$ L이므로 $y=2x$
(3) $y=2x$에 $x=14$를 대입하면
$y=2\times 14=28$
따라서 14분 후 물통 안에 있는 물의 양은 28 L이다.

2 (1) 매분 양초의 길이는 0.5 cm씩 줄어드므로 불을 붙인 지 x분 후 줄어든 양초의 길이는 $0.5x$ cm이다.
∴ $y=0.5x$
(2) $y=0.5x$에 $x=6$을 대입하면
$y=0.5\times 6=3$
따라서 6분 후 줄어든 양초의 길이는 3 cm이다.

3 (1)

x	1	2	3	4	…
y	12	24	36	48	…

(2) x L의 휘발유로 $12x$ km를 달릴 수 있으므로 $y=12x$

(3) $y=12x$에 $y=144$를 대입하면
$$144=12x \qquad \therefore x=12$$
따라서 필요한 휘발유의 양은 12 L이다.

4 (1) 걷기 운동을 하면 1분에 3 kcal의 열량이 소모되므로 걷기 운동을 x분 동안 하면 $3x$ kcal의 열량이 소모된다.
$$\therefore y=3x$$
(2) $y=3x$에 $y=60$을 대입하면
$$60=3x \qquad \therefore x=20$$
따라서 걷기 운동을 20분 동안 해야 한다.

6 정비례 관계 $y=ax(a\neq0)$의 그래프

80쪽~81쪽

1 풀이 참조

2 그래프는 풀이 참조
(1) 0, -2 (2) 0, 3 (3) 0, 1

3 (1) 제1사분면과 제3사분면 (2) 제2사분면과 제4사분면
(3) 제1사분면과 제3사분면 (4) 제2사분면과 제4사분면

4 (1) 2, 8, × (2) ○ (3) × (4) ○ (5) ×

5 (1) $\dfrac{3}{5}$ (2) $-\dfrac{3}{2}$ (3) $\dfrac{5}{4}$ (4) $-\dfrac{1}{3}$

1 (1)

x	-2	-1	0	1	2
y	-2	-1	0	1	2

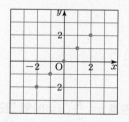

(2)

x	-2	-1	0	1	2
y	2	1	0	-1	-2

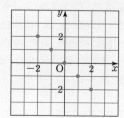

2 (1)

(2)

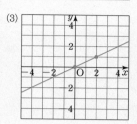

(3)

3 (1) 5>0이므로 제1사분면과 제3사분면을 지난다.

(2) $-7<0$이므로 제2사분면과 제4사분면을 지난다.

(3) $\dfrac{1}{3}>0$이므로 제1사분면과 제3사분면을 지난다.

(4) $-\dfrac{5}{4}<0$이므로 제2사분면과 제4사분면을 지난다.

4 (1) $y=-4x$에 $x=2$, $y=8$을 대입하면
$$8\neq-4\times2$$
따라서 점 $(2, 8)$은 정비례 관계 $y=-4x$의 그래프 위에 있지 않다.

(2) $y=-4x$에 $x=-1$, $y=4$를 대입하면
$$4=-4\times(-1)$$
따라서 점 $(-1, 4)$는 정비례 관계 $y=-4x$의 그래프 위에 있다.

(3) $y=-4x$에 $x=0$, $y=4$를 대입하면
$$4\neq-4\times0$$
따라서 점 $(0, 4)$는 정비례 관계 $y=-4x$의 그래프 위에 있지 않다.

(4) $y=-4x$에 $x=\dfrac{1}{2}$, $y=-2$를 대입하면
$$-2=-4\times\dfrac{1}{2}$$
따라서 점 $\left(\dfrac{1}{2}, -2\right)$는 정비례 관계 $y=-4x$의 그래프 위에 있다.

(5) $y=-4x$에 $x=-3$, $y=\dfrac{4}{3}$를 대입하면
$$\dfrac{4}{3}\neq-4\times(-3)$$
따라서 점 $\left(-3, \dfrac{4}{3}\right)$는 정비례 관계 $y=-4x$의 그래프 위에 있지 않다.

5 (1) $y=ax$에 $x=5$, $y=3$을 대입하면
$$3=a\times5 \qquad \therefore a=\dfrac{3}{5}$$
(2) $y=ax$에 $x=-2$, $y=3$을 대입하면
$$3=a\times(-2) \qquad \therefore a=-\dfrac{3}{2}$$
(3) $y=ax$에 $x=-4$, $y=-5$를 대입하면
$$-5=a\times(-4) \qquad \therefore a=\dfrac{5}{4}$$

(4) $y=ax$에 $x=3$, $y=-1$을 대입하면

$-1=a\times 3$ ∴ $a=-\dfrac{1}{3}$

⑦ 반비례 관계

82쪽

1 (1) 60, 30, 20, 15, 1, $y=\dfrac{60}{x}$

(2) 120, 60, 40, 30, 1, $y=\dfrac{120}{x}$

(3) 24, 12, 8, 6, $\dfrac{24}{5}$, $y=\dfrac{24}{x}$

2 (1) $y=\dfrac{4}{x}$ (2) $y=\dfrac{40}{x}$ (3) $y=\dfrac{30}{x}$

3 (1) $y=\dfrac{32}{x}$ (2) $y=-\dfrac{14}{x}$ (3) $y=\dfrac{18}{x}$

2 (1) (전체 우유의 양)=(인원수)×(한 명이 마시는 우유의 양)

이므로 $4=xy$ ∴ $y=\dfrac{4}{x}$

(2) (시간)=$\dfrac{(거리)}{(속력)}$이므로 $y=\dfrac{40}{x}$

(3) (전체 귤의 수)=(접시의 수)×(한 접시에 담기는 귤의 수)

이므로 $30=xy$ ∴ $y=\dfrac{30}{x}$

3 (1) y가 x에 반비례하므로 $y=\dfrac{a}{x}$에 $x=4$, $y=8$을 대입하면

$8=\dfrac{a}{4}$, $a=32$ ∴ $y=\dfrac{32}{x}$

(2) y가 x에 반비례하므로 $y=\dfrac{a}{x}$에 $x=2$, $y=-7$을 대입하면

$-7=\dfrac{a}{2}$, $a=-14$ ∴ $y=-\dfrac{14}{x}$

(3) y가 x에 반비례하므로 $y=\dfrac{a}{x}$에 $x=-6$, $y=-3$을 대입하면

$-3=\dfrac{a}{-6}$, $a=18$ ∴ $y=\dfrac{18}{x}$

⑧ 반비례 관계의 활용

83쪽

1 (1) $y=\dfrac{12}{x}$ (2) 3 mL

2 (1) $y=\dfrac{27}{x}$ (2) 3개

3 (1) $y=\dfrac{160}{x}$ (2) 시속 80 km

4 (1) $y=\dfrac{60}{x}$ (2) 12개

1 (1) 기체의 부피 y mL가 압력 x기압에 반비례하므로

$y=\dfrac{a}{x}$에 $x=1$, $y=12$를 대입하면

$12=\dfrac{a}{1}$, $a=12$ ∴ $y=\dfrac{12}{x}$

(2) $y=\dfrac{12}{x}$에 $x=4$를 대입하면

$y=\dfrac{12}{4}=3$

따라서 이 기체의 부피는 3 mL이다.

2 (1) (사람 수)×(1명당 가질 수 있는 사탕의 개수)=27이므로

$xy=27$ ∴ $y=\dfrac{27}{x}$

(2) $y=\dfrac{27}{x}$에 $x=9$를 대입하면

$y=\dfrac{27}{9}=3$

따라서 1명당 3개씩 가질 수 있다.

3 (1) (시간)=$\dfrac{(거리)}{(속력)}$이므로 $y=\dfrac{160}{x}$

(2) $y=\dfrac{160}{x}$에 $y=2$를 대입하면

$2=\dfrac{160}{x}$ ∴ $x=80$

따라서 시속 80 km로 달린 것이다.

4 (1) 두 톱니바퀴 A, B의 톱니가 서로 맞물리면서 회전하므로 맞물린 톱니의 수는 같다.

$20\times 3=x\times y$, $60=xy$

∴ $y=\dfrac{60}{x}$

(2) $y=\dfrac{60}{x}$에 $y=5$를 대입하면

$5=\dfrac{60}{x}$ ∴ $x=12$

따라서 톱니바퀴 B의 톱니는 모두 12개이다.

⑨ 반비례 관계 $y=\dfrac{a}{x}\,(a\neq 0)$의 그래프

84쪽~85쪽

1 풀이 참조

2 그래프는 풀이 참조

(1) -3, -2, 3, 2 (2) 3, 1, -3, -1 (3) -4, -2, 4, 2

3 (1) 제1사분면과 제3사분면 (2) 제2사분면과 제4사분면

(3) 제1사분면과 제3사분면 (4) 제2사분면과 제4사분면

4 (1) 2, -6, × (2) ○ (3) × (4) ○ (5) ×

5 (1) 3 (2) 12 (3) -8 (4) -6

1 (1)

x	-4	-2	-1	1	2	4
y	-1	-2	-4	4	2	1

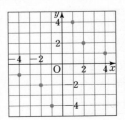

(2)

x	-4	-2	-1	1	2	4
y	1	2	4	-4	-2	-1

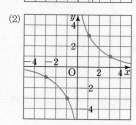

2 (1)

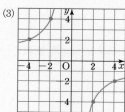

(2)

(3)

3 (1) $5>0$이므로 제1사분면과 제3사분면을 지난다.
(2) $-3<0$이므로 제2사분면과 제4사분면을 지난다.
(3) $8>0$이므로 제1사분면과 제3사분면을 지난다.
(4) $-7<0$이므로 제2사분면과 제4사분면을 지난다.

4 (1) $y=\dfrac{12}{x}$에 $x=2$, $y=-6$을 대입하면

$$-6\neq\frac{12}{2}$$

따라서 점 $(2,\,-6)$은 반비례 관계 $y=\dfrac{12}{x}$의 그래프 위에 있지 않다.

(2) $y=\dfrac{12}{x}$에 $x=-4$, $y=-3$을 대입하면

$$-3=\frac{12}{-4}$$

따라서 점 $(-4,\,-3)$은 반비례 관계 $y=\dfrac{12}{x}$의 그래프 위에 있다.

(3) $y=\dfrac{12}{x}$에 $x=-1$, $y=12$를 대입하면

$$12\neq\frac{12}{-1}$$

따라서 점 $(-1,\,12)$는 반비례 관계 $y=\dfrac{12}{x}$의 그래프 위에 있지 않다.

(4) $y=\dfrac{12}{x}$에 $x=6$, $y=2$를 대입하면

$$2=\frac{12}{6}$$

따라서 점 $(6,\,2)$는 반비례 관계 $y=\dfrac{12}{x}$의 그래프 위에 있다.

(5) $y=\dfrac{12}{x}$에 $x=3$, $y=\dfrac{1}{4}$을 대입하면

$$\frac{1}{4}\neq\frac{12}{3}$$

따라서 점 $\left(3,\,\dfrac{1}{4}\right)$은 반비례 관계 $y=\dfrac{12}{x}$의 그래프 위에 있지 않다.

5 (1) $y=\dfrac{a}{x}$에 $x=1$, $y=3$을 대입하면

$$3=\frac{a}{1}\qquad\therefore a=3$$

(2) $y=\dfrac{a}{x}$에 $x=-3$, $y=-4$를 대입하면

$$-4=\frac{a}{-3}\qquad\therefore a=12$$

(3) $y=\dfrac{a}{x}$에 $x=2$, $y=-4$를 대입하면

$$-4=\frac{a}{2}\qquad\therefore a=-8$$

(4) $y=\dfrac{a}{x}$에 $x=-3$, $y=2$를 대입하면

$$2=\frac{a}{-3}\qquad\therefore a=-6$$

대단원 개념 마무리 86쪽~87쪽

1 (1) A(-2), B(0), C$\left(\dfrac{3}{2}\right)$, D$(4)$
　(2) A$(-2,\,3)$, B$(-3,\,-4)$, C$(4,\,-3)$, D$(2,\,0)$

2 (1) $(2,\,-5)$　(2) $(-4,\,0)$　(3) $(0,\,9)$

3 (1) 제4사분면　(2) 제3사분면　(3) 제2사분면　(4) 제1사분면

4 (1) ㄴ　　　(2) ㄱ　　　(3) ㄷ

5 (1) 15 km　(2) 12시 30분　(3) 13시 30분

6 (1) $y=-3x$　(2) $y=-\dfrac{28}{x}$

7 (1) $y=\dfrac{1}{4}x$　(2) 28 cm

8 (1) ○　　(2) ×　　(3) ○　　(4) ×

9 (1) $y=\dfrac{1}{2}x$　(2) $y=-\dfrac{3}{2}x$

10 (1) $y=\dfrac{96}{x}$　(2) 6줄

11 (1) ○　　(2) ×　　(3) ○　　(4) ○

12 (1) $y=\dfrac{9}{x}$　(2) $y=-\dfrac{10}{x}$

3 점 P$(a,\,b)$가 제3사분면 위의 점이므로 $a<0$, $b<0$이다.

(1) 점 A$(-a, b)$

➡ $-a>0$, $b<0$이므로 제4사분면 위의 점

(2) 점 B(b, a)

➡ $b<0$, $a<0$이므로 제3사분면 위의 점

(3) 점 C$(2a, -3b)$

➡ $2a<0$, $-3b>0$이므로 제2사분면 위의 점

(4) 점 D$\left(-\dfrac{1}{a}, -\dfrac{1}{b}\right)$

➡ $-\dfrac{1}{a}>0$, $-\dfrac{1}{b}>0$이므로 제1사분면 위의 점

4 속력을 올리면 그래프 모양은 오른쪽 위로 향하고, 속력을 유지하면 그래프 모양은 수평이며 속력을 내리면 그래프 모양은 오른쪽 아래로 향한다.

(1) 속력을 올렸다 내렸다를 반복했으므로 그래프의 모양은 위 아래로 반복해서 움직인다.

따라서 상황에 알맞은 그래프는 ㄴ이다.

(2) 속력을 올리며 뛰다가 일정하게 속력을 유지하면 그래프의 모양은 오른쪽 위를 향하다가 수평이 된다.

따라서 상황에 알맞은 그래프는 ㄱ이다.

(3) 속력을 올리며 뛰다가 도중에 속력을 내리면 그래프의 모양은 오른쪽 위를 향하다가 오른쪽 아래로 향하는 모양이 된다.

따라서 상황에 알맞은 그래프는 ㄷ이다.

5 (1) 혜성이는 출발한 지 3시간 후인 12시에 집에서 15 km 떨어져 있다.

(2) 휴식을 취할 때는 집에서 떨어진 거리가 변함없으므로 그래프 모양이 수평이다. 즉, 혜성이는 10시부터 10시 30분까지, 11시 30분부터 12시 30분까지, 13시부터 13시 30분까지, 15시부터 15시 30분까지 쉬었으므로 1시간 동안의 휴식을 마친 시각은 12시 30분이다.

(3) 집으로 돌아올 때는 집에서 떨어진 거리가 감소하므로 그래프 모양은 오른쪽 아래로 향한다. 즉, 혜성이가 집으로 돌아가기 시작한 시각은 집에서부터 떨어진 거리가 감소하기 시작한 13시 30분이다.

6 (1) y가 x에 정비례하므로 $y=ax$에 $x=3$, $y=-9$를 대입하면

$-9=a\times 3$, $a=-3$

$\therefore y=-3x$

(2) y가 x에 반비례하므로 $y=\dfrac{a}{x}$에 $x=-4$, $y=7$을 대입하면

$7=\dfrac{a}{-4}$, $a=-28$

$\therefore y=-\dfrac{28}{x}$

7 (1) (정사각형의 둘레의 길이)$=4\times$(한 변의 길이)이므로

$x=4y$ $\quad\therefore y=\dfrac{1}{4}x$

(2) $y=\dfrac{1}{4}x$에 $y=7$을 대입하면

$7=\dfrac{1}{4}x$ $\quad\therefore x=28$

따라서 정사각형의 둘레의 길이는 28 cm이다.

8 (1) $y=-\dfrac{2}{3}x$에 $x=6$, $y=-4$를 대입하면

$-4=-\dfrac{2}{3}\times 6$

따라서 점 $(6, -4)$는 정비례 관계 $y=-\dfrac{2}{3}x$의 그래프 위에 있다.

(2) $y=-\dfrac{2}{3}x$에 $x=-9$, $y=-6$을 대입하면

$-6\neq -\dfrac{2}{3}\times(-9)$

따라서 점 $(-9, -6)$은 정비례 관계 $y=-\dfrac{2}{3}x$의 그래프 위에 있지 않다.

(3) $y=-\dfrac{2}{3}x$에 $x=\dfrac{3}{4}$, $y=-\dfrac{1}{2}$을 대입하면

$-\dfrac{1}{2}=-\dfrac{2}{3}\times\dfrac{3}{4}$

따라서 점 $\left(\dfrac{3}{4}, -\dfrac{1}{2}\right)$은 정비례 관계 $y=-\dfrac{2}{3}x$의 그래프 위에 있다.

(4) $y=-\dfrac{2}{3}x$에 $x=-\dfrac{1}{2}$, $y=\dfrac{1}{6}$을 대입하면

$\dfrac{1}{6}\neq -\dfrac{2}{3}\times\left(-\dfrac{1}{2}\right)$

따라서 점 $\left(-\dfrac{1}{2}, \dfrac{1}{6}\right)$은 정비례 관계 $y=-\dfrac{2}{3}x$의 그래프 위에 있지 않다.

9 (1) 그래프가 원점을 지나는 직선이므로 $y=ax$로 놓고, 이 식에 $x=-2$, $y=-1$을 대입하면

$-1=a\times(-2)$, $a=\dfrac{1}{2}$

$\therefore y=\dfrac{1}{2}x$

(2) 그래프가 원점을 지나는 직선이므로 $y=ax$로 놓고, 이 식에 $x=-2$, $y=3$을 대입하면

$3=a\times(-2)$, $a=-\dfrac{3}{2}$

$\therefore y=-\dfrac{3}{2}x$

10 (1) 전체 의자의 수는 $8\times 12=96$(개)이고,

(전체 의자의 수)

$=$(한 줄에 배열하는 의자의 수)$\times$(줄의 수)

이므로 $xy=96$ $\quad\therefore y=\dfrac{96}{x}$

(2) $y=\dfrac{96}{x}$에 $x=16$을 대입하면

$y=\dfrac{96}{16}=6$

따라서 6줄이 된다.

11 (1) $y=\dfrac{24}{x}$에 $x=3$, $y=8$을 대입하면

$8=\dfrac{24}{3}$

따라서 점 $(3, 8)$은 반비례 관계 $y=\dfrac{24}{x}$의 그래프 위에 있다.

(2) $y=\dfrac{24}{x}$에 $x=-4$, $y=6$을 대입하면

$6\neq\dfrac{24}{-4}$

따라서 점 $(-4, 6)$은 반비례 관계 $y=\dfrac{24}{x}$의 그래프 위에

있지 않다.

(3) $y=\dfrac{24}{x}$에 $x=-12$, $y=-2$를 대입하면

$-2=\dfrac{24}{-12}$

따라서 점 $(-12, -2)$는 반비례 관계 $y=\dfrac{24}{x}$의 그래프 위

에 있다.

(4) $y=\dfrac{24}{x}$에 $x=48$, $y=\dfrac{1}{2}$을 대입하면

$\dfrac{1}{2}=\dfrac{24}{48}$

따라서 점 $\left(48, \dfrac{1}{2}\right)$은 반비례 관계 $y=\dfrac{24}{x}$의 그래프 위에

있다.

12 (1) 그래프가 좌표축에 가까워지는 한 쌍의 곡선이므로 $y=\dfrac{a}{x}$로

놓고, 이 식에 $x=-3$, $y=-3$을 대입하면

$-3=\dfrac{a}{-3}$, $a=9$

$\therefore y=\dfrac{9}{x}$

(2) 그래프가 좌표축에 가까워지는 한 쌍의 곡선이므로 $y=\dfrac{a}{x}$로

놓고, 이 식에 $x=-5$, $y=2$를 대입하면

$2=\dfrac{a}{-5}$, $a=-10$

$\therefore y=-\dfrac{10}{x}$

I 소인수분해

2쪽~5쪽

1 (1) 소 (2) 소 (3) 합 (4) 소 (5) 합 (6) 합

2 (1) × (2) ○ (3) ○ (4) × (5) ×

3 (1) 밑: 2, 지수: 5 (2) 밑: 5, 지수: 9

4 (1) 6^4 (2) $2^3 \times 5^2$ (3) $7^2 \times 11^3$ (4) $\left(\dfrac{1}{5}\right)^5$

(5) $\left(\dfrac{1}{3}\right)^2 \times \left(\dfrac{1}{7}\right)^3$ (6) $\dfrac{1}{2^3 \times 3^2}$

5 (1) 2×3^2, 소인수: 2, 3

(2) $2 \times 3 \times 5$, 소인수: 2, 3, 5

(3) $2^2 \times 3 \times 7$, 소인수: 2, 3, 7

(4) $2^2 \times 5^2$, 소인수: 2, 5

(5) $2^2 \times 3^2 \times 5$, 소인수: 2, 3, 5

(6) $2^3 \times 3^3$, 소인수: 2, 3

6 표는 풀이 참조

(1) 1, 3, 7, 9, 21, 63

(2) 1, 2, 3, 4, 6, 9, 12, 18, 27, 36, 54, 108

7 ㄱ, ㄷ, ㄹ

8 (1) 6개 (2) 18개 (3) 12개 (4) 16개

9 (1) 18의 약수: 1, 2, 3, 6, 9, 18

30의 약수: 1, 2, 3, 5, 6, 10, 15, 30

18과 30의 공약수: 1, 2, 3, 6

18과 30의 최대공약수: 6

(2) 28의 약수: 1, 2, 4, 7, 14, 28

49의 약수: 1, 7, 49

28과 49의 공약수: 1, 7

28과 49의 최대공약수: 7

10 (1) 1, 3, 9 (2) 1, 2, 3, 4, 6, 12 (3) 1, 2, 13, 26

11 ㄱ, ㄷ, ㅁ

12 (1) $2^2 \times 5 \times 7$ (2) 3 (3) 3×5

13 (1) 6 (2) 8 (3) 4 (4) 12

14 (1) 2의 배수: 2, 4, 6, 8, 10, 12, …

3의 배수: 3, 6, 9, 12, …

2와 3의 공배수: 6, 12, …

2와 3의 최소공배수: 6

(2) 6의 배수: 6, 12, 18, 24, 30, 36, …

9의 배수: 9, 18, 27, 36, …

6과 9의 공배수: 18, 36, …

6과 9의 최소공배수: 18

(3) 12의 배수: 12, 24, 36, 48, 60, 72, …

18의 배수: 18, 36, 54, 72, …

12와 18의 공배수: 36, 72, …

12와 18의 최소공배수: 36

15 (1) 10, 20, 30 (2) 14, 28, 42 (3) 25, 50, 75

16 (1) $2^2 \times 3^3 \times 5^2$ (2) $2^3 \times 3^2 \times 7^2$ (3) $2^2 \times 3^2 \times 5^2 \times 7$

17 (1) 45 (2) 420 (3) 480 (4) 270

---

2 (1) 9는 합성수이지만 홀수이다.

(3) 10 이하의 소수는 2, 3, 5, 7의 4개이다.

(4) 자연수 1은 소수도 아니고 합성수도 아니다.

(5) 2는 소수이고, 가장 작은 합성수는 4이다.

6 (1) $63 = 3^2 \times 7$

×	1	7
1	1	7
3	3	21
3^2	9	63

(2) $108 = 2^2 \times 3^3$

×	1	3	3^2	3^3
1	1	3	9	27
2	2	6	18	54
2^2	4	12	36	108

7 $225 = 3^2 \times 5^2$이므로 225의 약수는 3^2의 약수와 5^2의 약수의 곱으로 이루어져 있다.

　　　　　　　　　　└→ 1, 3, 3^2　└→ 1, 5, 5^2

ㄴ. $27 = 3^3$

　　　└→ 3^2의 약수가 아니다.

ㄷ. $45 = 3^2 \times 5$

ㅁ. $3^3 \times 5^2$

　　└→ 3^2의 약수가 아니다.

ㅂ. 5^3 → 5^2의 약수가 아니다.

따라서 225의 약수인 것은 ㄱ, ㄷ, ㄹ이다.

8 (1) $(1+1) \times (2+1) = 2 \times 3 = 6$(개)

(2) $(2+1) \times (2+1) \times (1+1) = 3 \times 3 \times 2 = 18$(개)

(3) $60 = 2^2 \times 3 \times 5$이므로 약수의 개수는

$(2+1) \times (1+1) \times (1+1) = 3 \times 2 \times 2 = 12$(개)

(4) $168 = 2^3 \times 3 \times 7$이므로 약수의 개수는

$(3+1) \times (1+1) \times (1+1) = 4 \times 2 \times 2 = 16$(개)

10 두 개 이상의 자연수의 공약수는 최대공약수의 약수이다.

(1) 두 자연수의 공약수는 9의 약수이므로 1, 3, 9이다.

(2) 두 자연수의 공약수는 12의 약수이므로 1, 2, 3, 4, 6, 12이다.

(3) 두 자연수의 공약수는 26의 약수이므로 1, 2, 13, 26이다.

11 ㄱ. 10, 21의 최대공약수는 1이므로 서로소이다.

ㄴ. 12, 27의 최대공약수는 3이므로 서로소가 아니다.

ㄷ. 12, 35의 최대공약수는 1이므로 서로소이다.

ㄹ. 28, 40의 최대공약수는 4이므로 서로소가 아니다.

ㅁ. 32, 45의 최대공약수는 1이므로 서로소이다.

따라서 두 수가 서로소인 것을 모두 고르면 ㄱ, ㄷ, ㅁ이다.

13 (1)

$$48=2^4\times3$$
$$54=2\ \times3^3$$
$$\overline{\text{(최대공약수)}=2\times3\ =6}$$

(2)

$$64=2^6$$
$$72=2^3\times3^2$$
$$\overline{\text{(최대공약수)}=2^3\qquad=8}$$

(3)

$$8=2^3$$
$$12=2^2\times3$$
$$20=2^2\qquad\times5$$
$$\overline{\text{(최대공약수)}=2^2\qquad\qquad=4}$$

(4)

$$24=2^3\times3$$
$$48=2^4\times3$$
$$60=2^2\times3\times5$$
$$\overline{\text{(최대공약수)}=2^2\times3\quad=12}$$

15 두 개 이상의 자연수의 공배수는 최소공배수의 배수이다.
(1) 두 자연수의 공배수는 10의 배수이므로 10, 20, 30, …이다.
(2) 두 자연수의 공배수는 14의 배수이므로 14, 28, 42, …이다.
(3) 두 자연수의 공배수는 25의 배수이므로 25, 50, 75, …이다.

17 (1)

$$15=3\times5$$
$$45=3^2\times5$$
$$\overline{\text{(최소공배수)}=3^2\times5=45}$$

(2)

$$42=2\times3\qquad\times7$$
$$60=2^2\times3\times5$$
$$\overline{\text{(최소공배수)}=2^2\times3\times5\times7=420}$$

(3)

$$12=2^2\times3$$
$$20=2^2\qquad\times5$$
$$32=2^5$$
$$\overline{\text{(최소공배수)}=2^5\times3\times5=480}$$

(4)

$$18=2\times3^2$$
$$30=2\times3\ \times5$$
$$54=2\times3^3$$
$$\overline{\text{(최소공배수)}=2\times3^3\times5=270}$$

1 (1) $-2\,\text{kg}$ (2) $+50\,\text{m}$ (3) $-3\,^\circ\text{C}$

2 (1) $+4$ (2) -6 (3) $+2.5$ (4) $-\dfrac{3}{7}$
(5) -0.4

3 (1) $+1,\ +\dfrac{5}{4}$ (2) $-3.7,\ -4,\ -23$

4 (1) $\dfrac{6}{3},\ +12$ (2) $-5,\ \dfrac{6}{3},\ 0,\ +12$
(3) $-5,\ -\dfrac{1}{2}$ (4) $-\dfrac{1}{2},\ +4.5$
(5) $-5,\ \dfrac{6}{3},\ 0,\ +12,\ -\dfrac{1}{2},\ +4.5$

5 (1) ○ (2) ○ (3) ×

6 (1) A: -3, B: $+1$ (2) A: -4, B: $+\dfrac{1}{2}$
(3) A: $-\dfrac{5}{2}$, B: $+3$

7 풀이 참조

8 (1) 6 (2) 8 (3) 2.7 (4) $\dfrac{3}{4}$ (5) $\dfrac{1}{10}$

9 (1) $-9,\ +9$ (2) $-1.2,\ +1.2$
(3) 0 (4) $+4$ (5) $-\dfrac{2}{5}$

10 (1) $<$ (2) $<$ (3) $>$ (4) $<$
(5) $>$ (6) $<$ (7) $>$ (8) $<$
(9) $>$ (10) $>$

11 (1) $x>3$ (2) $x\leq-3$ (3) $x\geq5$
(4) $x\leq1.5$ (5) $-7\leq x<4$ (6) $2<x<\dfrac{7}{2}$
(7) $-3\leq x\leq5$ (8) $-\dfrac{2}{3}\leq x\leq\dfrac{11}{5}$

12 (1) $+17$ (2) -14 (3) $+8.9$ (4) $-\dfrac{7}{9}$
(5) $+\dfrac{5}{8}$ (6) $-\dfrac{22}{15}$ (7) $+\dfrac{59}{30}$

13 (1) -6 (2) $+1.7$ (3) -1.8 (4) $+\dfrac{5}{3}$
(5) $-\dfrac{3}{14}$ (6) $-\dfrac{5}{36}$ (7) $+\dfrac{11}{10}$

14 (1) -12 (2) -4 (3) $+0.2$ (4) -0.4
(5) $+6$ (6) $+\dfrac{1}{3}$

15 (1) -8 (2) -3.8 (3) $+\dfrac{1}{5}$ (4) $+16$
(5) $+\dfrac{29}{24}$ (6) $-\dfrac{1}{6}$

16 (1) $+12$ (2) $+14$ (3) -3 (4) $-\dfrac{25}{14}$
(5) $+\dfrac{5}{12}$ (6) $+\dfrac{5}{3}$

17 (1) 7 (2) -1 (3) 0.7 (4) $-\dfrac{2}{5}$
(5) 1 (6) $-\dfrac{3}{10}$

18 (1) $+20$ (2) $+42$ (3) $+\dfrac{3}{10}$ (4) 0
(5) -6.4 (6) -30 (7) $-\dfrac{1}{2}$

19 (1) $+350$ (2) -19 (3) $+\dfrac{20}{3}$ (4) $+\dfrac{7}{3}$
(5) $-\dfrac{15}{14}$

20 (1) $+6$ (2) $+36$ (3) -15 (4) $+\dfrac{1}{2}$

  (5) -168 (6) -5

21 (1) $+16$ (2) $-\dfrac{8}{9}$ (3) -18 (4) -0.05

  (5) $+2$ (6) $-\dfrac{1}{2}$

22 (1) -1313 (2) 2037 (3) 14 (4) 9

  (5) -14 (6) 32

23 (1) $+12$ (2) $+2$ (3) 0 (4) -1

  (5) -5 (6) -0.7 (7) $+9$

24 (1) $\dfrac{3}{5}$ (2) $-\dfrac{8}{7}$ (3) $\dfrac{1}{9}$ (4) -4

  (5) $\dfrac{5}{11}$ (6) $-\dfrac{5}{4}$

25 (1) $+\dfrac{4}{3}$ (2) $-\dfrac{2}{15}$ (3) -22 (4) $+\dfrac{7}{10}$

  (5) $+\dfrac{2}{3}$

26 (1) $-\dfrac{3}{2}$ (2) $\dfrac{2}{3}$ (3) $\dfrac{8}{3}$ (4) -15

  (5) -4 (6) $\dfrac{3}{5}$

27 (1) 7 (2) -14 (3) 12 (4) 4

  (5) -28 (6) -7

28 (1) -7 (2) 8 (3) $-\dfrac{9}{2}$ (4) -56

  (5) 5 (6) -36

4

수	-5	$\dfrac{6}{3}$	0	$+12$	$-\dfrac{1}{2}$	$+4.5$
자연수	×	○	×	○	×	×
정수	○	○	○	○	×	×
음수	○	×	×	×	○	×
정수가 아닌 유리수	×	×	×	×	○	○
유리수	○	○	○	○	○	○

5 (3) 양의 유리수, 0, 음의 유리수를 통틀어 유리수라 한다.

7 (1)

  A는 -1, B는 $+4$ (수직선 위)

  (2)

  A는 0, B는 $+3$ (수직선 위)

  (3)

  A는 -1, B는 $+1$ (수직선 위)

12 (1) $(+6)+(+11)=+(6+11)=+17$

  (2) $(-5)+(-9)=-(5+9)=-14$

  (3) $(+2.4)+(+6.5)=+(2.4+6.5)=+8.9$

  (4) $\left(-\dfrac{2}{9}\right)+\left(-\dfrac{5}{9}\right)=-\left(\dfrac{2}{9}+\dfrac{5}{9}\right)=-\dfrac{7}{9}$

  (5) $\left(+\dfrac{1}{4}\right)+\left(+\dfrac{3}{8}\right)=+\left(\dfrac{2}{8}+\dfrac{3}{8}\right)=+\dfrac{5}{8}$

  (6) $\left(-\dfrac{2}{3}\right)+\left(-\dfrac{4}{5}\right)=-\left(\dfrac{10}{15}+\dfrac{12}{15}\right)=-\dfrac{22}{15}$

  (7) $\left(+\dfrac{7}{6}\right)+(+0.8)=\left(+\dfrac{7}{6}\right)+\left(+\dfrac{8}{10}\right)$

  $=+\left(\dfrac{35}{30}+\dfrac{24}{30}\right)=+\dfrac{59}{30}$

13 (1) $(+4)+(-10)=-(10-4)=-6$

  (2) $(-1.5)+(+3.2)=+(3.2-1.5)=+1.7$

  (3) $(+4.2)+(-6)=-(6-4.2)=-1.8$

  (4) $\left(-\dfrac{5}{3}\right)+\left(+\dfrac{10}{3}\right)=+\left(\dfrac{10}{3}-\dfrac{5}{3}\right)=+\dfrac{5}{3}$

  (5) $\left(+\dfrac{2}{7}\right)+\left(-\dfrac{1}{2}\right)=\left(+\dfrac{4}{14}\right)+\left(-\dfrac{7}{14}\right)$

  $=-\left(\dfrac{7}{14}-\dfrac{4}{14}\right)=-\dfrac{3}{14}$

  (6) $\left(-\dfrac{5}{9}\right)+\left(+\dfrac{5}{12}\right)=\left(-\dfrac{20}{36}\right)+\left(+\dfrac{15}{36}\right)$

  $=-\left(\dfrac{20}{36}-\dfrac{15}{36}\right)=-\dfrac{5}{36}$

  (7) $(-0.4)+\left(+\dfrac{3}{2}\right)=\left(-\dfrac{4}{10}\right)+\left(+\dfrac{15}{10}\right)$

  $=+\left(\dfrac{15}{10}-\dfrac{4}{10}\right)=+\dfrac{11}{10}$

14 (1) $(+3)+(-11)+(-4)$

  $=(+3)+\{(-11)+(-4)\}$ ← 덧셈의 결합법칙

  $=(+3)+(-15)$

  $=-12$

  (2) $(-2)+(+5)+(-7)$

  $=(+5)+(-2)+(-7)$ ← 덧셈의 교환법칙

  $=(+5)+\{(-2)+(-7)\}$ ← 덧셈의 결합법칙

  $=(+5)+(-9)$

  $=-4$

  (3) $(+2)+(-5.8)+(+4)$

  $=(-5.8)+(+2)+(+4)$ ← 덧셈의 교환법칙

  $=(-5.8)+\{(+2)+(+4)\}$ ← 덧셈의 결합법칙

  $=(-5.8)+(+6)$

  $=+0.2$

  (4) $(+1.5)+(-4.1)+(+2.2)$

  $=(-4.1)+(+1.5)+(+2.2)$ ← 덧셈의 교환법칙

  $=(-4.1)+\{(+1.5)+(+2.2)\}$ ← 덧셈의 결합법칙

  $=(-4.1)+(+3.7)$

  $=-0.4$

  (5) $\left(+\dfrac{5}{2}\right)+(+4)+\left(-\dfrac{1}{2}\right)$

  $=(+4)+\left(+\dfrac{5}{2}\right)+\left(-\dfrac{1}{2}\right)$ ← 덧셈의 교환법칙

  $=(+4)+\left\{\left(+\dfrac{5}{2}\right)+\left(-\dfrac{1}{2}\right)\right\}$ ← 덧셈의 결합법칙

  $=(+4)+(+2)$

  $=+6$

  (6) $\left(-\dfrac{1}{6}\right)+\left(-\dfrac{1}{3}\right)+\left(+\dfrac{5}{6}\right)$

  $=\left(-\dfrac{1}{3}\right)+\left(-\dfrac{1}{6}\right)+\left(+\dfrac{5}{6}\right)$ ← 덧셈의 교환법칙

  $=\left(-\dfrac{1}{3}\right)+\left\{\left(-\dfrac{1}{6}\right)+\left(+\dfrac{5}{6}\right)\right\}$ ← 덧셈의 결합법칙

  $=\left(-\dfrac{1}{3}\right)+\left(+\dfrac{2}{3}\right)$ → 분수가 있는 식은 분모가 같은 것끼리 모아서 계산하면 편리해~

  $=+\dfrac{1}{3}$

15 (1) $(+1)-(+9)=(+1)+(-9)=-(9-1)=-8$

  (2) $(-2.5)-(+1.3)=(-2.5)+(-1.3)$

  $=-(2.5+1.3)=-3.8$

(3) $\left(+\dfrac{4}{5}\right)-\left(+\dfrac{3}{5}\right)=\left(+\dfrac{4}{5}\right)+\left(-\dfrac{3}{5}\right)$

$\qquad=+\left(\dfrac{4}{5}-\dfrac{3}{5}\right)=+\dfrac{1}{5}$

(4) $(+4)-(-12)=(+4)+(+12)$

$\qquad=+(4+12)=+16$

(5) $\left(+\dfrac{3}{8}\right)-\left(-\dfrac{5}{6}\right)=\left(+\dfrac{9}{24}\right)+\left(+\dfrac{20}{24}\right)$

$\qquad=+\left(\dfrac{9}{24}+\dfrac{20}{24}\right)=+\dfrac{29}{24}$

(6) $\left(-\dfrac{2}{3}\right)-(-0.5)=\left(-\dfrac{2}{3}\right)+\left(+\dfrac{5}{10}\right)$

$\qquad=\left(-\dfrac{20}{30}\right)+\left(+\dfrac{15}{30}\right)$

$\qquad=-\left(\dfrac{20}{30}-\dfrac{15}{30}\right)$

$\qquad=-\dfrac{5}{30}=-\dfrac{1}{6}$

16 (1) $(+8)-(-12)+(-8)$

$\quad=(+8)+(+12)+(-8)$

$\quad=(+12)+(+8)+(-8)$

$\quad=(+12)+\{(+8)+(-8)\}$

$\quad=(+12)+0=+12$

(2) $(-1)+(+9)-(-6)$

$\quad=(-1)+(+9)+(+6)$

$\quad=(-1)+\{(+9)+(+6)\}$

$\quad=(-1)+(+15)=+14$

(3) $(-5)+(+7)-(-3)-(+8)$

$\quad=(-5)+(+7)+(+3)+(-8)$

$\quad=\{(+7)+(+3)\}+\{(-5)+(-8)\}$

$\quad=(+10)+(-13)=-3$

(4) $\left(-\dfrac{6}{7}\right)+\left(-\dfrac{5}{7}\right)-\left(+\dfrac{3}{14}\right)$

$\quad=\left(-\dfrac{6}{7}\right)+\left(-\dfrac{5}{7}\right)+\left(-\dfrac{3}{14}\right)$

$\quad=\left\{\left(-\dfrac{6}{7}\right)+\left(-\dfrac{5}{7}\right)\right\}+\left(-\dfrac{3}{14}\right)$

$\quad=\left(-\dfrac{11}{7}\right)+\left(-\dfrac{3}{14}\right)$

$\quad=\left(-\dfrac{22}{14}\right)+\left(-\dfrac{3}{14}\right)=-\dfrac{25}{14}$

(5) $\left(+\dfrac{1}{2}\right)+\left(-\dfrac{1}{3}\right)-\left(-\dfrac{1}{4}\right)$

$\quad=\left(+\dfrac{1}{2}\right)+\left(-\dfrac{1}{3}\right)+\left(+\dfrac{1}{4}\right)$

$\quad=\left\{\left(+\dfrac{3}{6}\right)+\left(-\dfrac{2}{6}\right)\right\}+\left(+\dfrac{1}{4}\right)$

$\quad=\left(+\dfrac{1}{6}\right)+\left(+\dfrac{1}{4}\right)$

$\quad=\left(+\dfrac{2}{12}\right)+\left(+\dfrac{3}{12}\right)=+\dfrac{5}{12}$

(6) $\left(+\dfrac{4}{3}\right)-\left(+\dfrac{1}{5}\right)-\left(-\dfrac{6}{5}\right)+\left(-\dfrac{2}{3}\right)$

$\quad=\left(+\dfrac{4}{3}\right)+\left(-\dfrac{1}{5}\right)+\left(+\dfrac{6}{5}\right)+\left(-\dfrac{2}{3}\right)$

$\quad=\left\{\left(+\dfrac{4}{3}\right)+\left(-\dfrac{2}{3}\right)\right\}+\left\{\left(-\dfrac{1}{5}\right)+\left(+\dfrac{6}{5}\right)\right\}$

$\quad=\left(+\dfrac{2}{3}\right)+(+1)=+\dfrac{5}{3}$

17 (1) $3-5+9$

$\quad=(+3)-(+5)+(+9)$

$\quad=(+3)+(-5)+(+9)$

$\quad=\{(+3)+(+9)\}+(-5)$

$\quad=(+12)+(-5)$

$\quad=7$

(2) $-2+4+7-10$

$\quad=(-2)+(+4)+(+7)-(+10)$

$\quad=(-2)+(+4)+(+7)+(-10)$

$\quad=\{(-2)+(-10)\}+\{(+4)+(+7)\}$

$\quad=(-12)+(+11)$

$\quad=-1$

(3) $-1.5+1-3.8+5$

$\quad=(-1.5)+(+1)-(+3.8)+(+5)$

$\quad=(-1.5)+(+1)+(-3.8)+(+5)$

$\quad=\{(-1.5)+(-3.8)\}+\{(+1)+(+5)\}$

$\quad=(-5.3)+(+6)$

$\quad=0.7$

(4) $\dfrac{1}{5}-\dfrac{1}{10}-\dfrac{1}{2}$

$\quad=\left(+\dfrac{1}{5}\right)-\left(+\dfrac{1}{10}\right)-\left(+\dfrac{1}{2}\right)$

$\quad=\left(+\dfrac{1}{5}\right)+\left(-\dfrac{1}{10}\right)+\left(-\dfrac{1}{2}\right)$

$\quad=\left(+\dfrac{2}{10}\right)+\left(-\dfrac{1}{10}\right)+\left(-\dfrac{5}{10}\right)$

$\quad=\left(+\dfrac{2}{10}\right)+\left\{\left(-\dfrac{1}{10}\right)+\left(-\dfrac{5}{10}\right)\right\}$

$\quad=\left(+\dfrac{2}{10}\right)+\left(-\dfrac{6}{10}\right)$

$\quad=-\dfrac{4}{10}=-\dfrac{2}{5}$

(5) $0.5-\dfrac{3}{4}+2.5-\dfrac{5}{4}$

$\quad=(+0.5)-\left(+\dfrac{3}{4}\right)+(+2.5)-\left(+\dfrac{5}{4}\right)$

$\quad=(+0.5)+\left(-\dfrac{3}{4}\right)+(+2.5)+\left(-\dfrac{5}{4}\right)$

$\quad=\{(+0.5)+(+2.5)\}+\left\{\left(-\dfrac{3}{4}\right)+\left(-\dfrac{5}{4}\right)\right\}$

$\quad=(+3)+(-2)$

$\quad=1$

(6) $-\dfrac{4}{5}-\dfrac{2}{3}+1+\dfrac{1}{6}$

$\quad=\left(-\dfrac{4}{5}\right)-\left(+\dfrac{2}{3}\right)+(+1)+\left(+\dfrac{1}{6}\right)$

$\quad=\left(-\dfrac{4}{5}\right)+\left(-\dfrac{2}{3}\right)+(+1)+\left(+\dfrac{1}{6}\right)$

$\quad=\left\{\left(-\dfrac{4}{5}\right)+(+1)\right\}+\left\{\left(-\dfrac{2}{3}\right)+\left(+\dfrac{1}{6}\right)\right\}$

$\quad=\left\{\left(-\dfrac{4}{5}\right)+\left(+\dfrac{5}{5}\right)\right\}+\left\{\left(-\dfrac{4}{6}\right)+\left(+\dfrac{1}{6}\right)\right\}$

$\quad=\left(+\dfrac{1}{5}\right)+\left(-\dfrac{1}{2}\right)$

$\quad=\left(+\dfrac{2}{10}\right)+\left(-\dfrac{5}{10}\right)$

$\quad=-\dfrac{3}{10}$

18
(1) $(+5) \times (+4) = +(5 \times 4) = +20$

(2) $(-6) \times (-7) = +(6 \times 7) = +42$

(3) $\left(+\dfrac{2}{5}\right) \times \left(+\dfrac{3}{4}\right) = +\left(\dfrac{2}{5} \times \dfrac{3}{4}\right) = +\dfrac{3}{10}$

(4) $(-8) \times 0 = 0$ ← 어떤 수와 0의 곱은 항상 0임을 기억해!

(5) $(+2) \times (-3.2) = -(2 \times 3.2) = -6.4$

(6) $\left(-\dfrac{5}{4}\right) \times (+24) = -\left(\dfrac{5}{4} \times 24\right) = -30$

(7) $\left(+\dfrac{4}{7}\right) \times \left(-\dfrac{7}{8}\right) = -\left(\dfrac{4}{7} \times \dfrac{7}{8}\right) = -\dfrac{1}{2}$

19
(1) $(+25) \times (-7) \times (-2)$

$\qquad = (-7) \times (+25) \times (-2)$ ⎱ 곱셈의 교환법칙

$\qquad = (-7) \times \{(+25) \times (-2)\}$ ⎰ 곱셈의 결합법칙

$\qquad = (-7) \times (-50)$

$\qquad = +350$

(2) $(-20) \times (+0.19) \times (+5)$

$\qquad = (+0.19) \times (-20) \times (+5)$ ⎱ 곱셈의 교환법칙

$\qquad = (+0.19) \times \{(-20) \times (+5)\}$ ⎰ 곱셈의 결합법칙

$\qquad = (+0.19) \times (-100)$

$\qquad = -19$

(3) $(+8) \times \left(-\dfrac{5}{3}\right) \times \left(-\dfrac{1}{2}\right)$

$\qquad = \left(-\dfrac{5}{3}\right) \times (+8) \times \left(-\dfrac{1}{2}\right)$ ⎱ 곱셈의 교환법칙

$\qquad = \left(-\dfrac{5}{3}\right) \times \left\{(+8) \times \left(-\dfrac{1}{2}\right)\right\}$ ⎰ 곱셈의 결합법칙

$\qquad = \left(-\dfrac{5}{3}\right) \times (-4)$

$\qquad = +\dfrac{20}{3}$

(4) $\left(-\dfrac{5}{2}\right) \times \left(+\dfrac{7}{3}\right) \times \left(-\dfrac{2}{5}\right)$

$\qquad = \left(+\dfrac{7}{3}\right) \times \left(-\dfrac{5}{2}\right) \times \left(-\dfrac{2}{5}\right)$ ⎱ 곱셈의 교환법칙

$\qquad = \left(+\dfrac{7}{3}\right) \times \left\{\left(-\dfrac{5}{2}\right) \times \left(-\dfrac{2}{5}\right)\right\}$ ⎰ 곱셈의 결합법칙

$\qquad = \left(+\dfrac{7}{3}\right) \times (+1)$

$\qquad = +\dfrac{7}{3}$

(5) $\left(+\dfrac{9}{16}\right) \times \left(-\dfrac{5}{7}\right) \times \left(+\dfrac{8}{3}\right)$

$\qquad = \left(-\dfrac{5}{7}\right) \times \left(+\dfrac{9}{16}\right) \times \left(+\dfrac{8}{3}\right)$ ⎱ 곱셈의 교환법칙

$\qquad = \left(-\dfrac{5}{7}\right) \times \left\{\left(+\dfrac{9}{16}\right) \times \left(+\dfrac{8}{3}\right)\right\}$ ⎰ 곱셈의 결합법칙

$\qquad = \left(-\dfrac{5}{7}\right) \times \left(+\dfrac{3}{2}\right)$

$\qquad = -\dfrac{15}{14}$

20
(1) $(-1) \times (-2) \times (+3) = +(1 \times 2 \times 3) = +6$

(2) $(-6) \times (+2) \times (-3) = +(6 \times 2 \times 3) = +36$

(3) $(+2) \times \left(-\dfrac{5}{6}\right) \times (+9) = -\left(2 \times \dfrac{5}{6} \times 9\right) = -15$

(4) $\left(+\dfrac{6}{5}\right) \times \left(-\dfrac{10}{9}\right) \times \left(-\dfrac{3}{8}\right) = +\left(\dfrac{6}{5} \times \dfrac{10}{9} \times \dfrac{3}{8}\right) = +\dfrac{1}{2}$

(5) $(-6) \times (-7) \times (+2) \times (-2) = -(6 \times 7 \times 2 \times 2)$

$\qquad\qquad\qquad\qquad\qquad\qquad = -168$

(6) $\left(-\dfrac{1}{3}\right) \times (+6) \times \left(-\dfrac{1}{2}\right) \times (-5) = -\left(\dfrac{1}{3} \times 6 \times \dfrac{1}{2} \times 5\right)$

$\qquad\qquad\qquad\qquad\qquad\qquad\qquad = -5$

21
(1) $(-4)^2 \times (-1)^4 = (+16) \times (+1) = +(16 \times 1) = +16$

(2) $(-2)^3 \times \left(-\dfrac{1}{3}\right)^2 = (-8) \times \left(+\dfrac{1}{9}\right) = -\left(8 \times \dfrac{1}{9}\right) = -\dfrac{8}{9}$

(3) $2 \times (-3)^2 \times (-1)^7 = 2 \times (+9) \times (-1)$

$\qquad\qquad\qquad\qquad = -(2 \times 9 \times 1) = -18$

(4) $-1^2 \times (-0.1)^2 \times 5 = (-1) \times (+0.01) \times 5$

$\qquad\qquad\qquad\qquad = -(1 \times 0.01 \times 5) = -0.05$

(5) $(-5) \times \left(-\dfrac{1}{5}\right)^2 \times (-10) = (-5) \times \left(+\dfrac{1}{25}\right) \times (-10)$

$\qquad\qquad\qquad\qquad\qquad = +\left(5 \times \dfrac{1}{25} \times 10\right) = +2$

(6) $-3^2 \times \left(-\dfrac{1}{2}\right)^3 \times \left(-\dfrac{4}{9}\right) = (-9) \times \left(-\dfrac{1}{8}\right) \times \left(-\dfrac{4}{9}\right)$

$\qquad\qquad\qquad\qquad\qquad\quad = -\left(9 \times \dfrac{1}{8} \times \dfrac{4}{9}\right) = -\dfrac{1}{2}$

22
(1) $(-13) \times (100+1) = (-13) \times 100 + (-13) \times 1$

$\qquad\qquad\qquad\qquad = -1300 + (-13) = -1313$

(2) $(100-3) \times 21 = 100 \times 21 + (-3) \times 21$

$\qquad\qquad\qquad = 2100 + (-63) = 2037$

(3) $(-24) \times \left(\dfrac{1}{4} - \dfrac{5}{6}\right) = (-24) \times \dfrac{1}{4} + (-24) \times \left(-\dfrac{5}{6}\right)$

$\qquad\qquad\qquad\qquad = -6 + 20 = 14$

(4) $3 \times 5.8 + 3 \times (-2.8) = 3 \times (5.8 - 2.8)$

$\qquad\qquad\qquad\qquad = 3 \times 3 = 9$

(5) $(-6) \times \dfrac{7}{9} + (-12) \times \dfrac{7}{9} = \{(-6) + (-12)\} \times \dfrac{7}{9}$

$\qquad\qquad\qquad\qquad\qquad = -18 \times \dfrac{7}{9} = -14$

(6) $32 \times \dfrac{14}{27} + 32 \times \dfrac{13}{27} = 32 \times \left(\dfrac{14}{27} + \dfrac{13}{27}\right)$

$\qquad\qquad\qquad\qquad\qquad = 32 \times 1 = 32$

23
(1) $(+48) \div (+4) = +(48 \div 4) = +12$

(2) $(-30) \div (-15) = +(30 \div 15) = +2$

(3) $0 \div (+9) = 0$ ← 0을 0이 아닌 수로 나누면 그 몫은 항상 0임을 기억해!

(4) $(+3) \div (-3) = -(3 \div 3) = -1$

(5) $(-20) \div (+4) = -(20 \div 4) = -5$

(6) $(-4.9) \div (+7) = -(4.9 \div 7) = -0.7$

(7) $(-5.4) \div (-0.6) = +(5.4 \div 0.6) = +9$

24
(5) $2\dfrac{1}{5} = \dfrac{11}{5}$ 이므로 $\dfrac{11}{5}$ 의 역수는 $\dfrac{5}{11}$ 이다.

(6) $-0.8 = -\dfrac{4}{5}$ 이므로 $-\dfrac{4}{5}$ 의 역수는 $-\dfrac{5}{4}$ 이다.

25

(1) $\left(+\dfrac{8}{9}\right)\div\left(+\dfrac{2}{3}\right)=\left(+\dfrac{8}{9}\right)\times\left(+\dfrac{3}{2}\right)=+\dfrac{4}{3}$

(2) $\left(+\dfrac{4}{5}\right)\div(-6)=\left(+\dfrac{4}{5}\right)\times\left(-\dfrac{1}{6}\right)=-\dfrac{2}{15}$

(3) $\left(-\dfrac{11}{4}\right)\div\left(+\dfrac{1}{8}\right)=\left(-\dfrac{11}{4}\right)\times(+8)=-22$

(4) $\left(+\dfrac{6}{5}\right)\div\left(+1\dfrac{5}{7}\right)=\left(+\dfrac{6}{5}\right)\div\left(+\dfrac{12}{7}\right)$
$=\left(+\dfrac{6}{5}\right)\times\left(+\dfrac{7}{12}\right)=+\dfrac{7}{10}$

(5) $\left(-\dfrac{9}{5}\right)\div(-2.7)=\left(-\dfrac{9}{5}\right)\div\left(-\dfrac{27}{10}\right)$
$=\left(-\dfrac{9}{5}\right)\times\left(-\dfrac{10}{27}\right)=+\dfrac{2}{3}$

26

(1) $\dfrac{7}{3}\times\left(-\dfrac{5}{7}\right)\div\dfrac{10}{9}=\dfrac{7}{3}\times\left(-\dfrac{5}{7}\right)\times\dfrac{9}{10}$
$=-\left(\dfrac{7}{3}\times\dfrac{5}{7}\times\dfrac{9}{10}\right)=-\dfrac{3}{2}$

(2) $\dfrac{2}{5}\div(-3)\times(-5)=\dfrac{2}{5}\times\left(-\dfrac{1}{3}\right)\times(-5)$
$=+\left(\dfrac{2}{5}\times\dfrac{1}{3}\times5\right)=\dfrac{2}{3}$

(3) $(-2)\times\dfrac{14}{15}\div(-0.7)=(-2)\times\dfrac{14}{15}\div\left(-\dfrac{7}{10}\right)$
$=(-2)\times\dfrac{14}{15}\times\left(-\dfrac{10}{7}\right)$
$=+\left(2\times\dfrac{14}{15}\times\dfrac{10}{7}\right)=\dfrac{8}{3}$

(4) $2\div\left(-\dfrac{6}{5}\right)\div\dfrac{1}{9}=2\times\left(-\dfrac{5}{6}\right)\times9$
$=-\left(2\times\dfrac{5}{6}\times9\right)=-15$

(5) $(-45)\times\left(-\dfrac{1}{3}\right)^2\div\dfrac{5}{4}=(-45)\times\dfrac{1}{9}\times\dfrac{4}{5}$
$=-\left(45\times\dfrac{1}{9}\times\dfrac{4}{5}\right)=-4$

(6) $\dfrac{3}{8}\div\left(-\dfrac{5}{27}\right)\times\left(-\dfrac{2}{3}\right)^3=\dfrac{3}{8}\times\left(-\dfrac{27}{5}\right)\times\left(-\dfrac{8}{27}\right)$
$=+\left(\dfrac{3}{8}\times\dfrac{27}{5}\times\dfrac{8}{27}\right)$
$=\dfrac{3}{5}$

27

(1) $11+12\div(-3)=11+(-4)=7$

(2) $(-21)\div3-7=-7-7=-14$

(3) $6-15\times4\div(-10)=6-60\div(-10)$
$=6-(-6)=12$

(4) $19+25\div(-5)\times3=19+(-5)\times3$
$=19+(-15)=4$

(5) $(-3)\times8+24\div(-6)=-24+(-4)=-28$

(6) $32\div(-2)^3-24\times\dfrac{1}{8}=32\div(-8)-24\times\dfrac{1}{8}$
$=-4-3=-7$

28

(1) $9-\{(-7)-(-11)\}\times4$
$=9-\{(-7)+(+11)\}\times4$
$=9-4\times4$
$=9-16$
$=-7$

(2) $6+\{(-1)+(4-9)\}\div(-3)$
$=6+\{(-1)+(-5)\}\div(-3)$
$=6+(-6)\div(-3)$
$=6+2$
$=8$

(3) $\dfrac{5}{8}\times\{(-3)^2-1\}\div\left(-\dfrac{10}{9}\right)$
$=\dfrac{5}{8}\times(9-1)\div\left(-\dfrac{10}{9}\right)$
$=\dfrac{5}{8}\times8\times\left(-\dfrac{9}{10}\right)$
$=-\left(\dfrac{5}{8}\times8\times\dfrac{9}{10}\right)$
$=-\dfrac{9}{2}$

(4) $10+\{2\times(-4)-3\}\div\dfrac{1}{6}$
$=10+(-8-3)\div\dfrac{1}{6}$
$=10+(-11)\times6$
$=10+(-66)$
$=-56$

(5) $\dfrac{3}{2}\div\left(-\dfrac{1}{2}\right)^2\times\left\{1-\left(\dfrac{1}{2}-\dfrac{1}{3}\right)\right\}$
$=\dfrac{3}{2}\div\dfrac{1}{4}\times\left\{1-\left(\dfrac{3}{6}-\dfrac{2}{6}\right)\right\}$
$=\dfrac{3}{2}\div\dfrac{1}{4}\times\left(\dfrac{6}{6}-\dfrac{1}{6}\right)$
$=\dfrac{3}{2}\div\dfrac{1}{4}\times\dfrac{5}{6}$
$=\dfrac{3}{2}\times4\times\dfrac{5}{6}$
$=5$

(6) $(-36)\times\left[\dfrac{7}{6}+\left\{\dfrac{1}{2}\div(0.5\times4-5)\right\}\right]$
$=(-36)\times\left[\dfrac{7}{6}+\left\{\dfrac{1}{2}\div(2-5)\right\}\right]$
$=(-36)\times\left[\dfrac{7}{6}+\left\{\dfrac{1}{2}\times\left(-\dfrac{1}{3}\right)\right\}\right]$
$=(-36)\times\left\{\dfrac{7}{6}+\left(-\dfrac{1}{6}\right)\right\}$
$=(-36)\times1$
$=-36$

1 (1) $(1200 \times a + 600 \times b)$원 (2) $(36-x)$명

(3) $(10000 - a \times 5)$원 (4) $(x \div 6)$원

(5) $\left(\frac{1}{2} \times a \times b\right)$cm^2 (6) $(x \times 2)$km

2 (1) $-ab$ (2) $4xy$ (3) $-5(a+b)$ (4) $0.1x^2y$

(5) $-3a^3b^2$ (6) $2x+6y$ (7) $5b^2-10$ (8) $-7x-y$

3 (1) $-\dfrac{x}{10}$ (2) $\dfrac{5b}{a}$ (3) $\dfrac{y}{2x-1}$ (4) $\dfrac{a}{8b}$ (5) $\dfrac{x}{yz}$

4 (1) $\dfrac{ab}{4}$ (2) $\dfrac{y^2}{x}$ (3) $\dfrac{7a}{bc}$ (4) $-x+\dfrac{3}{y}$

(5) $\dfrac{b}{2}+5(a-b)$

5 (1) 3 (2) -1 (3) 6 (4) 11 (5) -27

(6) -40 (7) 0 (8) 7

6 (1) $4x, -y, -5$ (2) -5 (3) 4 (4) -1

7 (1) $-x^2, 6x, -7$ (2) -7 (3) 6 (4) -1

8 ㄴ, ㄷ, ㅁ

9 (1) 3 (2) 1 (3) 2 (4) 1 (5) 3

10 (1) × (2) ○ (3) × (4) ○ (5) × (6) ○

11 (1) $12x$ (2) $-18a$ (3) $20y$ (4) $12x$ (5) $-6b$

12 (1) $3x$ (2) $-3y$ (3) $4a$ (4) $-10b$ (5) $-\dfrac{2}{3}x$

13 (1) $\dfrac{1}{4}x-2$ (2) $-6y+2$ (3) $15-12a$

(4) $-42b-12$ (5) $7x-2$

14 (1) $a-4$ (2) $-b+2$ (3) $6x+16$

(4) $-4y+\dfrac{12}{7}$ (5) $-27x+3$

15 (1) x와 $-6x$, 4와 -1 (2) $3x$와 $\dfrac{x}{2}$, -2와 -3

(3) $6y^2$과 $-y^2$, $5y$와 $-y$ (4) $-4x$와 $6x$, $3y$와 $-2y$

16 (1) $8a$ (2) $-9b$ (3) $9x-7$

(4) $3y-2$ (5) $-a-2b$ (6) $x+4$

17 (1) $6x+2$ (2) $-x+9$ (3) $-3x+5$

(4) $16x-5$ (5) $9x-1$ (6) $-7x+11$

(7) $2x-13$ (8) $7x-2$ (9) $-3x+19$

(10) $14x-22$ (11) $-16x+2$ (12) $-2x+4$

18 (1) $\dfrac{5}{9}x+\dfrac{10}{9}$ (2) $\dfrac{7}{6}x+\dfrac{11}{6}$ (3) $\dfrac{17}{12}x-\dfrac{5}{4}$

(4) $\dfrac{1}{15}x-\dfrac{2}{3}$

19 ㄴ, ㄹ, ㅁ

20 (1) $3x+2=2x$ (2) $7000x=42000$ (3) $2(x+30)=260$

(4) $4x=32$ (5) $48-5x=3$

21 (1) ○ (2) × (3) × (4) ○ (5) ○

22 (1) × (2) × (3) ○ (4) ○ (5) ○

23 (1) ○ (2) ○ (3) × (4) × (5) ×

24 (1) $a=2, b=7$ (2) $a=-1, b=3$

(3) $a=4, b=-5$ (4) $a=1, b=-3$

(5) $a=4, b=2$

25 (1) ○ (2) ○ (3) × (4) × (5) ○

26 (1) $x=7$ (2) $x=1$ (3) $x=12$ (4) $x=30$

27 (1) $-x=4-6$ (2) $2x-6x=5$

(3) $4x-7x=-3-5$ (4) $-x+5x=4-12$

28 (1) ○ (2) ○ (3) × (4) × (5) × (6) ○

29 (1) $x=-2$ (2) $x=5$ (3) $x=2$ (4) $x=-1$

(5) $x=5$ (6) $x=-13$ (7) $x=2$

30 (1) $x=-2$ (2) $x=-3$ (3) $x=6$ (4) $x=-2$

(5) $x=-10$ (6) $x=2$

31 3 **32** 41, 42, 43 **33** 16세 **34** 3년 후

35 4 km **36** 600 m **37** 10 km **38** 3 km

---

3 (4) $a \div b \div 8 = a \times \dfrac{1}{b} \times \dfrac{1}{8} = \dfrac{a}{8b}$

(5) $x \div y \div z = x \times \dfrac{1}{y} \times \dfrac{1}{z} = \dfrac{x}{yz}$

4 (1) $a \div 4 \times b = a \times \dfrac{1}{4} \times b = \dfrac{ab}{4}$

(2) $y \times y \div x = y \times y \times \dfrac{1}{x} = \dfrac{y^2}{x}$

(3) $a \div b \times 7 \div c = a \times \dfrac{1}{b} \times 7 \times \dfrac{1}{c} = \dfrac{7a}{bc}$

5 (1) $-x+5 = -2+5 = 3$

(2) $\dfrac{1}{3}a+1 = \dfrac{1}{3} \times (-6)+1 = -2+1 = -1$

(3) $10b+1 = 10 \times \dfrac{1}{2}+1 = 5+1 = 6$

(4) $-\dfrac{3}{y}+2 = -3 \div y+2$

$\qquad = -3 \div \left(-\dfrac{1}{3}\right)+2$

$\qquad = -3 \times (-3)+2$

$\qquad = 9+2 = 11$

(5) $a^2-b^2 = (-3)^2-6^2 = 9-36 = -27$

(6) $\dfrac{2ab}{a+b} = \dfrac{2 \times 5 \times (-4)}{5+(-4)} = -40$

(7) $12x-9y = 12 \times \dfrac{1}{4}-9 \times \dfrac{1}{3} = 3-3 = 0$

(8) $\dfrac{4}{x}-\dfrac{3}{y} = 4 \div x-3 \div y$

$\qquad = 4 \div \left(-\dfrac{1}{2}\right)-3 \div \left(-\dfrac{1}{5}\right)$

$\qquad = 4 \times (-2)-3 \times (-5)$

$\qquad = -8-(-15)$

$\qquad = 7$

10 (3) 분모에 문자가 포함된 식은 다항식이 아니므로 일차식이 아니다.

11 (1) $2 \times 6x = 2 \times 6 \times x$

$\qquad = (2 \times 6) \times x$

$\qquad = 12x$

(2) $3a \times (-6) = 3 \times a \times (-6)$

$\qquad = \{3 \times (-6)\} \times a$

$\qquad = -18a$

(3) $4y \times 5 = 4 \times y \times 5$

$\qquad = (4 \times 5) \times y$

$\qquad = 20y$

(4) $\dfrac{4}{5}x \times 15 = \dfrac{4}{5} \times x \times 15$

$\qquad = \left(\dfrac{4}{5} \times 15\right) \times x$

$\qquad = 12x$

(5) $(-8b) \times \dfrac{3}{4} = (-8) \times b \times \dfrac{3}{4}$

$\qquad = \left\{(-8) \times \dfrac{3}{4}\right\} \times b$

$\qquad = -6b$

12 (1) $24x \div 8 = 24 \times x \times \dfrac{1}{8}$

$\qquad = \left(24 \times \dfrac{1}{8}\right) \times x$

$\qquad = 3x$

(2) $(-27y) \div 9 = (-27) \times y \times \dfrac{1}{9}$

$\qquad = \left\{(-27) \times \dfrac{1}{9}\right\} \times y$

$\qquad = -3y$

(3) $6a \div \dfrac{3}{2} = 6 \times a \times \dfrac{2}{3}$

$\qquad = \left(6 \times \dfrac{2}{3}\right) \times a$

$\qquad = 4a$

(4) $12b \div \left(-\dfrac{6}{5}\right) = 12 \times b \times \left(-\dfrac{5}{6}\right)$

$\qquad = \left\{12 \times \left(-\dfrac{5}{6}\right)\right\} \times b$

$\qquad = -10b$

(5) $\left(-\dfrac{3}{4}x\right) \div \dfrac{9}{8} = \left(-\dfrac{3}{4}\right) \times x \times \dfrac{8}{9}$

$\qquad = \left\{\left(-\dfrac{3}{4}\right) \times \dfrac{8}{9}\right\} \times x$

$\qquad = -\dfrac{2}{3}x$

13 (1) $\dfrac{1}{4}(x-8) = \dfrac{1}{4} \times x + \dfrac{1}{4} \times (-8) = \dfrac{1}{4}x - 2$

(2) $-2(3y-1) = (-2) \times 3y + (-2) \times (-1)$

$\qquad = -6y + 2$

(3) $(5-4a) \times 3 = 5 \times 3 - 4a \times 3 = 15 - 12a$

(4) $(7b+2) \times (-6) = 7b \times (-6) + 2 \times (-6)$

$\qquad = -42b - 12$

(5) $(21x-6) \times \dfrac{1}{3} = 21x \times \dfrac{1}{3} - 6 \times \dfrac{1}{3}$

$\qquad = 7x - 2$

14 (1) $(2a-8) \div 2 = (2a-8) \times \dfrac{1}{2}$

$\qquad = 2a \times \dfrac{1}{2} - 8 \times \dfrac{1}{2}$

$\qquad = a - 4$

(2) $(5b-10) \div (-5) = (5b-10) \times \left(-\dfrac{1}{5}\right)$

$\qquad = 5b \times \left(-\dfrac{1}{5}\right) - 10 \times \left(-\dfrac{1}{5}\right)$

$\qquad = -b + 2$

(3) $(9x+24) \div \dfrac{3}{2} = (9x+24) \times \dfrac{2}{3}$

$\qquad = 9x \times \dfrac{2}{3} + 24 \times \dfrac{2}{3}$

$\qquad = 6x + 16$

(4) $(14y-6) \div \left(-\dfrac{7}{2}\right) = (14y-6) \times \left(-\dfrac{2}{7}\right)$

$\qquad = 14y \times \left(-\dfrac{2}{7}\right) - 6 \times \left(-\dfrac{2}{7}\right)$

$\qquad = -4y + \dfrac{12}{7}$

(5) $(-36x+4) \div \dfrac{4}{3} = (-36x+4) \times \dfrac{3}{4}$

$\qquad = (-36x) \times \dfrac{3}{4} + 4 \times \dfrac{3}{4}$

$\qquad = -27x + 3$

16 (1) $5a - a + 4a = (5-1+4)a = 8a$

(2) $2b - 4b - 7b = (2-4-7)b = -9b$

(3) $7x - 3 + 2x - 4 = 7x + 2x - 3 - 4$

$\qquad = (7+2)x - 7$

$\qquad = 9x - 7$

(4) $8y + 2 - 5y - 4 = 8y - 5y + 2 - 4$

$\qquad = (8-5)y - 2$

$\qquad = 3y - 2$

(5) $b - 3a + 2a - 3b = -3a + 2a + b - 3b$

$\qquad = (-3+2)a + (1-3)b$

$\qquad = -a - 2b$

(6) $\dfrac{x}{4} + 6 + \dfrac{3}{4}x - 2 = \dfrac{x}{4} + \dfrac{3}{4}x + 6 - 2$

$\qquad = \left(\dfrac{1}{4} + \dfrac{3}{4}\right)x + 4$

$\qquad = x + 4$

17 (1) $(4x+3) + (2x-1) = 4x + 3 + 2x - 1$

$\qquad = 4x + 2x + 3 - 1$

$\qquad = 6x + 2$

(2) $(2x+7) + (2-3x) = 2x + 7 + 2 - 3x$

$\qquad = 2x - 3x + 7 + 2$

$\qquad = -x + 9$

(3) $(5x-2) - (8x-7) = 5x - 2 - 8x + 7$

$\qquad = 5x - 8x - 2 + 7$

$\qquad = -3x + 5$

(4) $(9x-2) - (-7x+3) = 9x - 2 + 7x - 3$

$\qquad = 9x + 7x - 2 - 3$

$\qquad = 16x - 5$

(5) $2(3x-8) + 3(x+5) = 6x - 16 + 3x + 15$

$\qquad = 6x + 3x - 16 + 15$

$\qquad = 9x - 1$

(6) $3(2-x) + (-4x+5) = 6 - 3x - 4x + 5$

$\qquad = -3x - 4x + 6 + 5$

$\qquad = -7x + 11$

(7) $4(-x-1) + 3(2x-3) = -4x - 4 + 6x - 9$

$\qquad = -4x + 6x - 4 - 9$

$\qquad = 2x - 13$

$(8)\ \dfrac{1}{2}(8x+4)+6\left(\dfrac{1}{2}x-\dfrac{2}{3}\right)=4x+2+3x-4$
$$=4x+3x+2-4$$
$$=7x-2$$

$(9)\ 4(x+3)-7(x-1)=4x+12-7x+7$
$$=4x-7x+12+7$$
$$=-3x+19$$

$(10)\ 3(2x-7)-(1-8x)=6x-21-1+8x$
$$=6x+8x-21-1$$
$$=14x-22$$

$(11)\ 2(-5x+4)-3(2x+2)=-10x+8-6x-6$
$$=-10x-6x+8-6$$
$$=-16x+2$$

$(12)\ \dfrac{1}{3}(6x+9)-\dfrac{1}{2}(8x-2)=2x+3-4x+1$
$$=2x-4x+3+1$$
$$=-2x+4$$

18 $(1)\ \dfrac{x+2}{3}+\dfrac{2x+4}{9}=\dfrac{3(x+2)+2x+4}{9}$
$$=\dfrac{3x+6+2x+4}{9}$$
$$=\dfrac{3x+2x+6+4}{9}$$
$$=\dfrac{5x+10}{9}$$
$$=\dfrac{5}{9}x+\dfrac{10}{9}$$

$(2)\ \dfrac{3x+1}{2}-\dfrac{x-4}{3}=\dfrac{3(3x+1)-2(x-4)}{6}$
$$=\dfrac{9x+3-2x+8}{6}$$
$$=\dfrac{9x-2x+3+8}{6}$$
$$=\dfrac{7x+11}{6}$$
$$=\dfrac{7}{6}x+\dfrac{11}{6}$$

$(3)\ \dfrac{4x-3}{6}+\dfrac{3(x-1)}{4}=\dfrac{2(4x-3)+9(x-1)}{12}$
$$=\dfrac{8x-6+9x-9}{12}$$
$$=\dfrac{8x+9x-6-9}{12}$$
$$=\dfrac{17x-15}{12}$$
$$=\dfrac{17}{12}x-\dfrac{5}{4}$$

$(4)\ \dfrac{2(x-4)}{3}-\dfrac{3x-10}{5}=\dfrac{10(x-4)-3(3x-10)}{15}$
$$=\dfrac{10x-40-9x+30}{15}$$
$$=\dfrac{10x-9x-40+30}{15}$$
$$=\dfrac{x-10}{15}$$
$$=\dfrac{1}{15}x-\dfrac{2}{3}$$

20 (1) 어떤 수 x의 3배에 2를 더한 값은 / x를 2배한 값과 같다.
$\underbrace{x\times3+2}\ =\ \underbrace{x\times2}$
➡ $3x+2=2x$

(2) 7000원짜리 포도 x송이의 가격은 / 42000원이다.
$\underbrace{7000\times x}\ =\ \underbrace{42000}$
➡ $7000x=42000$

(3) 쌀 x g과 보리 30 g을 섞은 무게의 2배는 / 260 g이다.
$\underbrace{(x+30)\times2}\ =\ \underbrace{260}$
➡ $2(x+30)=260$

(4) 한 변의 길이가 x cm인 정사각형의 둘레의 길이는 / 32 cm
$\underbrace{x\times4}\ =\ \underbrace{32}$
이다. ➡ $4x=32$

(5) 48개의 젤리를 x명의 학생에게 5개씩 나누어 주었더니 / 3개
$\underbrace{48-x\times5}\ =\ \underbrace{3}$
가 남았다. ➡ $48-5x=3$

21 (1) (좌변)$=2+3=5$, (우변)$=5$ ➡ 참
(2) (좌변)$=8-6\times2=-4$, (우변)$=4$ ➡ 거짓
(3) (좌변)$=5\times2=10$, (우변)$=-3\times2+4=-2$ ➡ 거짓
(4) (좌변)$=7-3\times2=1$, (우변)$=5-2\times2=1$ ➡ 참
(5) (좌변)$=2\times(2+1)=6$, (우변)$=7\times2-8=6$ ➡ 참

22 (1) (좌변)$=9\times1-2=7$, (우변)$=11$ ➡ 거짓
(2) (좌변)$=-3-2\times0=-3$, (우변)$=3$ ➡ 거짓
(3) (좌변)$=6\times3-4=14$, (우변)$=5\times3-1=14$ ➡ 참
(4) (좌변)$=5\times(-1+1)-3=-3$,
(우변)$=3\times(-1)=-3$ ➡ 참
(5) (좌변)$=-(-3+2)=1$, (우변)$=2\times(-3)+7=1$ ➡ 참

23 (1) (좌변)$=6x-x=5x$
즉, (좌변)$=$(우변)이므로 항등식이다.
(3) (좌변)$=3(x-4)=3x-12$
즉, (좌변)$\neq$(우변)이므로 항등식이 아니다.
(4) (좌변)$=x+9-2x=-x+9$
즉, (좌변)$\neq$(우변)이므로 항등식이 아니다.
(5) (좌변)$=6x-(2x+5)=4x-5$
즉, (좌변)$\neq$(우변)이므로 항등식이 아니다.

24 $(4)\ a=1,\ 6=-2b$이므로
$a=1,\ b=-3$
$(5)\ 2(x+a)=bx+8$에서 $2x+2a=bx+8$
$2=b,\ 2a=8$이므로 $a=4,\ b=2$

25 $(1)\ a=b$의 양변에 3을 더하면
$a+3=b+3$
$(2)\ x=2y$의 양변에서 $2y$를 빼면
$x-2y=2y-2y$
$\therefore x-2y=0$

(3) $2a=3b$의 양변을 6으로 나누면

$\dfrac{2a}{6}=\dfrac{3b}{6}$ $\therefore \dfrac{a}{3}=\dfrac{b}{2}$

(4) $4+a=4-b$의 양변에서 4를 빼면

$4+a-4=4-b-4$

$\therefore a=-b$

(5) $\dfrac{a}{3}=\dfrac{b}{4}$의 양변에 12를 곱하면

$\dfrac{a}{3}\times 12=\dfrac{b}{4}\times 12$

$\therefore 4a=3b$

26 (1) $7+x=14$의 양변에서 7을 빼면

$7+x-7=14-7$

$\therefore x=7$

(2) $3x-5=-2$의 양변에 5를 더하면

$3x-5+5=-2+5$ $\therefore 3x=3$

$3x=3$의 양변을 3으로 나누면

$\dfrac{3x}{3}=\dfrac{3}{3}$ $\therefore x=1$

(3) $\dfrac{1}{2}x+6=12$의 양변에서 6을 빼면

$\dfrac{1}{2}x+6-6=12-6$ $\therefore \dfrac{1}{2}x=6$

$\dfrac{1}{2}x=6$의 양변에 2를 곱하면

$\dfrac{1}{2}x\times 2=6\times 2$ $\therefore x=12$

(4) $\dfrac{1}{5}x-9=-3$의 양변에 9를 더하면

$\dfrac{1}{5}x-9+9=-3+9$ $\therefore \dfrac{1}{5}x=6$

$\dfrac{1}{5}x=6$의 양변에 5를 곱하면

$\dfrac{1}{5}x\times 5=6\times 5$ $\therefore x=30$

28 등식에서 모든 항을 좌변으로 이항하여 정리했을 때,
(일차식)$=0$의 꼴이면 일차방정식이다.

(1) $x=7x-3$에서 $x-7x+3=0$

즉, $-6x+3=0$이므로 일차방정식이다.

(2) $5x-6=2$에서 $5x-6-2=0$

즉, $5x-8=0$이므로 일차방정식이다.

(3) $x^2+4=x$에서 $x^2+4-x=0$

즉, $x^2-x+4=0$이므로 일차방정식이 아니다.

(4) $3x-3=3(x-1)$에서 $3x-3=3x-3$

$3x-3-3x+3=0$

즉, $0=0$이므로 일차방정식이 아니다.

(5) $2x(x-1)=1+2x$에서 $2x^2-2x=1+2x$

$2x^2-2x-1-2x=0$

즉, $2x^2-4x-1=0$이므로 일차방정식이 아니다.

(6) $x^2+4x-3=x^2+1$에서 $x^2+4x-3-x^2-1=0$

즉, $4x-4=0$이므로 일차방정식이다.

29 (1) $7x=-2x-18$에서 $7x+2x=-18$

$9x=-18$ $\therefore x=-2$

(2) $5x+1=6x-4$에서

$5x-6x=-4-1$

$-x=-5$ $\therefore x=5$

(3) $-4x+7=3-2x$에서

$-4x+2x=3-7$

$-2x=-4$ $\therefore x=2$

(4) $-2(x+5)=8x$에서

$-2x-10=8x$

$-2x-8x=10$

$-10x=10$ $\therefore x=-1$

(5) $9x-3(2x+1)=12$에서

$9x-6x-3=12$

$9x-6x=12+3$

$3x=15$ $\therefore x=5$

(6) $3(x-2)=5(x+4)$에서

$3x-6=5x+20$

$3x-5x=20+6$

$-2x=26$ $\therefore x=-13$

(7) $8-(3x-7)=-3(1-2x)$에서

$8-3x+7=-3+6x$

$-3x-6x=-3-8-7$

$-9x=-18$ $\therefore x=2$

30 (1) $1.2x-0.5=2x+1.1$의 양변에 10을 곱하면

$12x-5=20x+11$

$12x-20x=11+5$

$-8x=16$ $\therefore x=-2$

(2) $0.01x+0.32=0.2-0.03x$의 양변에 100을 곱하면

$x+32=20-3x$

$x+3x=20-32$

$4x=-12$ $\therefore x=-3$

(3) $\dfrac{1}{2}x+1=\dfrac{1}{3}x+2$의 양변에 6을 곱하면

$3x+6=2x+12$

$3x-2x=12-6$ $\therefore x=6$

(4) $\dfrac{3}{4}x-5=\dfrac{1}{2}(3x-7)$의 양변에 4를 곱하면

$3x-20=2(3x-7)$

$3x-20=6x-14$

$3x-6x=-14+20$

$-3x=6$ $\therefore x=-2$

(5) $0.2x-2=\dfrac{1}{2}(x-4)+3$에서

소수를 분수로 고치면

$\dfrac{1}{5}x-2=\dfrac{1}{2}(x-4)+3$

양변에 10을 곱하면

$2x-20=5(x-4)+30$

$2x-20=5x-20+30$

$2x-5x=-20+30+20$

$-3x=30$ $\therefore x=-10$

(6) $0.4(x-2)=-\dfrac{1}{6}x+\dfrac{1}{3}$에서

소수를 분수로 고치면

$\dfrac{2}{5}(x-2)=-\dfrac{1}{6}x+\dfrac{1}{3}$

양변에 30을 곱하면

$12(x-2)=-5x+10$

$12x-24=-5x+10$

$12x+5x=10+24$

$17x=34$　$\therefore x=2$

31 어떤 수를 x라 하면 $10x-15=5x$

$10x-5x=15$

$5x=15$

$\therefore x=3$

따라서 구하는 어떤 수는 3이다.

[확인] $10\times3-15=5\times3$

32 연속하는 세 자연수 중 가운데 수를 x라 하면

세 자연수는 $x-1$, x, $x+1$이다.

이때 연속하는 세 자연수의 합이 126이므로

$x-1+x+x+1=126$

$3x=126$　$\therefore x=42$

따라서 연속하는 세 자연수 중 가운데 수가 42이므로 구하는 세 자연수는 41, 42, 43이다.

[확인] 세 자연수: 41, 42, 43

　　　세 자연수의 합: $41+42+43=126$

33 형의 나이를 x세라 하면 동생의 나이는 $(x-3)$세이다.

이때 형과 동생의 나이의 합이 29세이므로

$x+(x-3)=29$

$x+x=29+3$

$2x=32$

$\therefore x=16$

따라서 형의 나이는 16세이다.

[확인] 형의 나이: 16세, 동생의 나이: 13세

　　　형과 동생의 나이의 합: $16+13=29$(세)

34 x년 후의 아버지의 나이는 $(48+x)$세이고,

아들의 나이는 $(14+x)$세이다.

이때 (x년 후의 아버지의 나이)$=3\times$(x년 후의 아들의 나이)

이므로

$48+x=3(14+x)$

$48+x=42+3x$

$x-3x=42-48$

$-2x=-6$　$\therefore x=3$

따라서 아버지의 나이가 아들의 나이의 3배가 되는 것은 3년 후이다.

[확인] 3년 후 아버지의 나이: $48+3=51$(세)　$\rightarrow 51=3\times17$

　　　3년 후 아들의 나이: $14+3=17$(세)

35 올라갈 때 걸어간 거리를 x km라 하면

	올라갈 때	내려올 때
속력	시속 2 km	시속 4 km
거리	x km	x km
시간	$\dfrac{x}{2}$시간	$\dfrac{x}{4}$시간

이때 총 3시간이 걸렸으므로

$\dfrac{x}{2}+\dfrac{x}{4}=3$

양변에 4를 곱하면 $2x+x=12$

$3x=12$　$\therefore x=4$

따라서 올라갈 때 걸어간 거리는 4 km이다.

[확인] 올라갈 때 걸린 시간: $\dfrac{4}{2}=2$(시간)

　　　내려올 때 걸린 시간: $\dfrac{4}{4}=1$(시간)

　　　총 걸린 시간: $2+1=3$(시간)

36 두 지점 A, B 사이의 거리를 x m라 하면

	갈 때	올 때
속력	초속 12 m	초속 6 m
거리	x m	x m
시간	$\dfrac{x}{12}$초	$\dfrac{x}{6}$초

이때 총 2분 30초, 즉 150초가 걸렸으므로

$\dfrac{x}{12}+\dfrac{x}{6}=150$

양변에 12를 곱하면 $x+2x=1800$

$3x=1800$　$\therefore x=600$

따라서 두 지점 A, B 사이의 거리는 600 m이다.

[확인] 갈 때 걸린 시간: $\dfrac{600}{12}=50$(초)

　　　올 때 걸린 시간: $\dfrac{600}{6}=100$(초)

　　　총 걸린 시간: $50+100=150$(초), 즉 2분 30초

37 집에서 놀이공원까지의 거리를 x km라 하면

	자전거를 타고 갈 때	자동차를 타고 갈 때
속력	시속 10 km	시속 60 km
거리	x km	x km
시간	$\dfrac{x}{10}$시간	$\dfrac{x}{60}$시간

이때 자전거를 타고 가면 자동차를 타고 가는 것보다 50분,

즉 $\dfrac{50}{60}\left(=\dfrac{5}{6}\right)$시간이 더 걸리므로

$\dfrac{x}{10}-\dfrac{x}{60}=\dfrac{5}{6}$

양변에 60을 곱하면 $6x-x=50$

$5x=50$　$\therefore x=10$

따라서 집에서 놀이공원까지의 거리는 10 km이다.

[확인] 자전거를 타고 갈 때 걸리는 시간: $\dfrac{10}{10}=1$(시간)

　　　자동차를 타고 갈 때 걸리는 시간: $\dfrac{10}{60}=\dfrac{1}{6}$(시간)

　　　시간 차: $1-\dfrac{1}{6}=\dfrac{5}{6}$(시간), 즉 50분

38 집에서 방송국까지의 거리를 $x\,\text{km}$라 하면

	뛰어갈 때	걸어갈 때
속력	시속 $6\,\text{km}$	시속 $4\,\text{km}$
거리	$x\,\text{km}$	$x\,\text{km}$
시간	$\dfrac{x}{6}$시간	$\dfrac{x}{4}$시간

이때 뛰어가면 걸어가는 것보다 15분, 즉 $\dfrac{15}{60}\left(=\dfrac{1}{4}\right)$시간 빨리

도착하므로

$$\dfrac{x}{4}-\dfrac{x}{6}=\dfrac{1}{4}$$

양변에 12를 곱하면 $3x-2x=3$

$\therefore x=3$

따라서 집에서 방송국까지의 거리는 $3\,\text{km}$이다.

[확인] 뛰어갈 때 걸리는 시간: $\dfrac{3}{6}=\dfrac{1}{2}$(시간)

걸어갈 때 걸리는 시간: $\dfrac{3}{4}$(시간)

시간 차: $\dfrac{3}{4}-\dfrac{1}{2}=\dfrac{1}{4}$(시간), 즉 15분

1 $A\left(-\dfrac{3}{2}\right)$(또는 $A(-1.5)$), $B(0)$, $C(4)$

2 (1) $A(0,\,3)$, $B(-3,\,1)$, $C(-2,\,-3)$, $D(2,\,-2)$

(2) $A(2,\,3)$, $B(-3,\,4)$, $C(-2,\,-2)$, $D(3,\,-2)$

(3) $A(3,\,0)$, $B(0,\,0)$, $C(-4,\,0)$, $D(0,\,-3)$

3 (1) 제1사분면   (2) 제3사분면   (3) 제2사분면   (4) 제4사분면

(5) 제2사분면   (6) 제1사분면   (7) 제4사분면

4 (1) 제4사분면   (2) 제1사분면   (3) 제3사분면   (4) 제2사분면

(5) 제3사분면

5 ㄴ

6 (1) ㄷ   (2) ㄱ   (3) ㄴ

7 (1) 시속 $80\,\text{km}$ (2) 60분   (3) 2번

8 (1) 110분   (2) $4\,\text{km}$ (3) 30분

9 (1) 600, 1200, 1800, 2400, 3000, $y=600x$

(2) 4, 8, 12, 16, 20, $y=4x$

10 (1) $y=700x$ (2) $y=10x$

11 (1) $y=5x$ (2) $y=-\dfrac{1}{4}x$

12 (1) $y=3x$ (2) $18\,\text{cm}$

13 (1) $y=300x$ (2) 5분

14 (1) $y=2.2x$ (2) $14\,\text{kg}$

15 (1) 제1사분면과 제3사분면

(2) 제1사분면과 제3사분면

(3) 제2사분면과 제4사분면

16 (1) ×   (2) ○   (3) ×

17 (1) $\dfrac{3}{4}$ (2) -2

18 (1) 96, 48, 32, 24, $\dfrac{96}{5}$, $y=\dfrac{96}{x}$

(2) 2, 1, $\dfrac{2}{3}$, $\dfrac{1}{2}$, $\dfrac{2}{5}$, $y=\dfrac{2}{x}$

19 (1) $y=\dfrac{50}{x}$ (2) $y=\dfrac{20}{x}$

20 (1) $y=\dfrac{75}{x}$ (2) $y=-\dfrac{28}{x}$

21 (1) $y=\dfrac{600}{x}$ (2) $50\,\text{cm}$

22 (1) $y=\dfrac{340}{x}$ (2) $68\,\text{m}$

23 (1) $y=\dfrac{300}{x}$ (2) 50대

24 (1) 제1사분면과 제3사분면

(2) 제2사분면과 제4사분면

(3) 제2사분면과 제4사분면

25 (1) ×   (2) ○   (3) ×

26 (1) 18   (2) -35

4 (1) 점 A의 좌표의 부호는 $(+,\ -)$이므로 점 A는 제4사분면 위의 점이다.

(2) 점 B의 좌표의 부호는 $(+,\ +)$이므로 점 B는 제1사분면 위의 점이다.

(3) 점 C의 좌표의 부호는 $(-,\ -)$이므로 점 C는 제3사분면 위의 점이다.

(4) 점 D의 좌표의 부호는 $(-, +)$이므로 점 D는 제2사분면 위의 점이다.

(5) 점 E의 좌표의 부호는 $(-, -)$이므로 점 E는 제3사분면 위의 점이다.

5 기온이 오르면 그래프의 모양은 오른쪽 위를 향하고, 기온이 변화가 없으면 그래프의 모양은 수평하며 기온이 내려가면 그래프의 모양은 오른쪽 아래를 향한다.
따라서 기온이 오르다 내려간 후 한동안 변함이 없다가 다시 올라갔다 내려가는 상황에 알맞은 그래프는 ㄴ이다.

6 (1) 시간이 지남에 따라 물의 양이 일정하게 감소하여 물을 다 마시면 물의 양이 0이 된다.
따라서 상황에 알맞은 그래프는 ㄷ이다.

(2) 시간이 지남에 따라 물의 양이 일정하게 감소하다가 물을 반쯤 남기면 그 순간부터 물의 양은 변화 없이 유지된다.
따라서 상황에 알맞은 그래프는 ㄱ이다.

(3) 물을 반쯤 마시다가 도중에 줄넘기를 하면 줄넘기를 하는 동안에는 물의 양은 변화 없이 유지되고, 그 후 물을 모두 마셨으므로 물의 양은 0이 된다.
따라서 상황에 알맞은 그래프는 ㄴ이다.

7 (1) 자동차가 가장 빨리 이동할 때는 출발한 지 2시간 30분 후이고, 이때 속력은 시속 80 km이다.

(2) 자동차가 시속 40 km로 이동한 시간은 출발한 지 1시간 후부터 2시간 후까지 1시간, 즉 60분 동안이다.

(3) 속력은 출발한 지 0시간 후부터 1시간 후까지, 2시간 후부터 2시간 30분 후까지 모두 2번 증가하였다.

8 (3) 자전거가 정지한 동안에는 거리의 변화가 없다.
따라서 거리의 변화가 없는 시간은 출발한 지 20분 후부터 30분 후까지, 50분 후부터 70분 후까지이므로 자전거가 정지한 시간은 모두 $10+20=30$(분)이다.

10 (1) (볼펜의 가격)=(볼펜 한 자루의 가격)×(볼펜의 수)이므로
$y=700x$

(2) (거리)=(속력)×(시간)이므로
$y=10x$

11 (1) y가 x에 정비례하므로
$y=ax$에 $x=3$, $y=15$를 대입하면
$15=3a$ ∴ $a=5$
따라서 구하는 관계식은 $y=5x$

(2) y가 x에 정비례하므로
$y=ax$에 $x=8$, $y=-2$를 대입하면
$-2=8a$ ∴ $a=-\dfrac{1}{4}$
따라서 구하는 관계식은 $y=-\dfrac{1}{4}x$

12 (1) (정삼각형의 둘레의 길이)=3×(한 변의 길이)이므로
$y=3x$

(2) $y=3x$에 $x=6$을 대입하면 $y=3×6=18$
따라서 정삼각형의 둘레의 길이는 18 cm이다.

13 (1) (거리)=(속력)×(시간)이므로
$y=300x$

(2) $y=300x$에 $y=1500$을 대입하면
$1500=300x$ ∴ $x=5$
따라서 공원까지 가는 데 걸리는 시간은 5분이다.

14 (1) 1 kg을 파운드로 단위를 변환하면 2.2 lb가 되므로 x kg을 파운드로 단위를 변환하면 2.2x lb가 된다.
∴ $y=2.2x$

(2) $y=2.2x$에 $y=30.8$을 대입하면
$30.8=2.2x$ ∴ $x=14$
따라서 이 물체는 14 kg이다.

15 정비례 관계 $y=ax(a≠0)$의 그래프는
$a>0$이면 제1사분면과 제3사분면을 지나고,
$a<0$이면 제2사분면과 제4사분면을 지난다.

(1) $1>0$이므로 제1사분면과 제3사분면을 지난다.

(2) $\dfrac{8}{5}>0$이므로 제1사분면과 제3사분면을 지난다.

(3) $-\dfrac{2}{3}<0$이므로 제2사분면과 제4사분면을 지난다.

16 (1) $y=\dfrac{1}{2}x$에 $x=1$, $y=2$를 대입하면
$2≠\dfrac{1}{2}×1$
따라서 점 $(1, 2)$는 정비례 관계 $y=\dfrac{1}{2}x$의 그래프 위에 있지 않다.

(2) $y=\dfrac{1}{2}x$에 $x=2$, $y=1$을 대입하면
$1=\dfrac{1}{2}×2$
따라서 점 $(2, 1)$은 정비례 관계 $y=\dfrac{1}{2}x$의 그래프 위에 있다.

(3) $y=\dfrac{1}{2}x$에 $x=-\dfrac{1}{2}$, $y=\dfrac{1}{4}$을 대입하면
$\dfrac{1}{4}≠\dfrac{1}{2}×\left(-\dfrac{1}{2}\right)$
따라서 점 $\left(-\dfrac{1}{2}, \dfrac{1}{4}\right)$은 정비례 관계 $y=\dfrac{1}{2}x$의 그래프 위에 있지 않다.

17 (1) 정비례 관계 $y=ax$의 그래프가 점 $(4, 3)$을 지나므로
$y=ax$에 $x=4$, $y=3$을 대입하면
$3=a×4$ ∴ $a=\dfrac{3}{4}$

(2) 정비례 관계 $y=ax$의 그래프가 점 $(-2, 4)$를 지나므로
$y=ax$에 $x=-2$, $y=4$를 대입하면
$4=a×(-2)$ ∴ $a=-2$

19 (1) (시간)=$\dfrac{(거리)}{(속력)}$이므로

$$y=\dfrac{50}{x}$$

(2) (삼각형의 넓이)=$\dfrac{1}{2}\times$(밑변의 길이)$\times$(높이)이므로

$$10=\dfrac{1}{2}\times x\times y$$

$$\therefore y=\dfrac{20}{x}$$

20 (1) y가 x에 반비례하므로

$y=\dfrac{a}{x}$에 $x=15$, $y=5$를 대입하면

$$5=\dfrac{a}{15} \quad \therefore a=75$$

따라서 구하는 관계식은 $y=\dfrac{75}{x}$

(2) y가 x에 반비례하므로

$y=\dfrac{a}{x}$에 $x=4$, $y=-7$을 대입하면

$$-7=\dfrac{a}{4} \quad \therefore a=-28$$

따라서 구하는 관계식은 $y=-\dfrac{28}{x}$

21 (1) (전체 리본의 길이)

=(잘린 리본 한 개의 길이)$\times$(잘린 리본의 수)이므로

$$600=xy \quad \therefore y=\dfrac{600}{x}$$

(2) $y=\dfrac{600}{x}$에 $y=12$를 대입하면

$$12=\dfrac{600}{x} \quad \therefore x=50$$

따라서 리본 한 개의 길이는 50 cm이다.

22 (1) y는 x에 반비례하므로 $y=\dfrac{a}{x}$로 놓는다.

$y=\dfrac{a}{x}$의 그래프가 점 $(10, 34)$를 지나므로

$y=\dfrac{a}{x}$에 $x=10$, $y=34$를 대입하면

$$34=\dfrac{a}{10}, a=340 \quad \therefore y=\dfrac{340}{x}$$

(2) $y=\dfrac{340}{x}$에 $x=5$를 대입하면

$$y=\dfrac{340}{5}=68$$

따라서 이 음파의 파장은 68 m이다.

23 (1) (전체 일의 양)=(기계의 대수)$\times$(작업 기간)

$$=5\times60=300$$

전체 일의 양은 300으로 일정하므로

$$xy=300 \quad \therefore y=\dfrac{300}{x}$$

(2) $y=\dfrac{300}{x}$에 $y=6$을 대입하면

$$6=\dfrac{300}{x} \quad \therefore x=50$$

따라서 50대의 기계가 필요하다.

24 반비례 관계 $y=\dfrac{a}{x}(a\neq0)$의 그래프는

$a>0$이면 제1사분면과 제3사분면을 지나고,

$a<0$이면 제2사분면과 제4사분면을 지난다.

(1) $3>0$이므로 제1사분면과 제3사분면을 지난다.

(2) $-2<0$이므로 제2사분면과 제4사분면을 지난다.

(3) $-9<0$이므로 제2사분면과 제4사분면을 지난다.

25 (1) $y=-\dfrac{16}{x}$에 $x=2$, $y=8$을 대입하면

$$8\neq-\dfrac{16}{2}$$

따라서 점 $(2, 8)$은 반비례 관계 $y=-\dfrac{16}{x}$의 그래프 위에 있지 않다.

(2) $y=-\dfrac{16}{x}$에 $x=-4$, $y=4$를 대입하면

$$4=-\dfrac{16}{-4}$$

따라서 점 $(-4, 4)$는 반비례 관계 $y=-\dfrac{16}{x}$의 그래프 위에 있다.

(3) $y=-\dfrac{16}{x}$에 $x=-16$, $y=-1$을 대입하면

$$-1\neq-\dfrac{16}{-16}$$

따라서 점 $(-16, -1)$은 반비례 관계 $y=-\dfrac{16}{x}$의 그래프 위에 있지 않다.

26 (1) 반비례 관계 $y=\dfrac{a}{x}$의 그래프가 점 $(-3, -6)$을 지나므로

$y=\dfrac{a}{x}$에 $x=-3$, $y=-6$을 대입하면

$$-6=\dfrac{a}{-3} \quad \therefore a=18$$

(2) 반비례 관계 $y=\dfrac{a}{x}$의 그래프가 점 $(5, -7)$을 지나므로

$y=\dfrac{a}{x}$에 $x=5$, $y=-7$을 대입하면

$$-7=\dfrac{a}{5} \quad \therefore a=-35$$

MEMO

* 온리원중등을 통해 23년 1학기 성적 향상 중학생 96.8% 증가 기록
(21년 1학기 중간 ~ 22년 1학기 중간 누적 장학생 3,499명 대비 21년 1학기 중간 ~ 23년 1학기 중간 누적 장학생 6,888명 비교)

공부 기억이
오 ─ 래 남는
메타인지 학습

성적 향상
96.8%* 온리원중등을 만나봐

베스트셀러 교재로 진행되는
1타 선생님 강의와
메타인지 시스템으로
완벽히 알 때까지 학습해
성적 향상을 이끌어냅니다.

문의 1588-6563 www.only1.co.kr

교과서 개념 잡기

교과서 내용을 쉽고 빠르게 학습하여 개념을 꽉! 잡아줍니다.

대표전화 1544—0554
주소 경기도 과천시 과천대로2길 54
협의 없는 무단 복제는 법으로 금지되어 있습니다.

개념익히기와 1:1 매칭되는
익힘북

중학 수학
1·1

22 개정 새 교육과정

교과서 개념 잡기

visang

ABOVE IMAGINATION

우리는 남다른 상상과 혁신으로
교육 문화의 새로운 전형을 만들어
모든 이의 행복한 경험과 성장에 기여한다

교과서
개념
잡기

개념별 문제와 1:1 매칭되는

익힘북

중학 수학
1·1

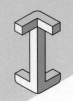

소인수분해

▶ 정답과 해설 33쪽

I·1 소인수분해

1 소수와 합성수

1 다음 수가 소수이면 '소', 합성수이면 '합'을 ( ) 안에 쓰시오.

(1) 2   (   )

(2) 7   (   )

(3) 15   (   )

(4) 23   (   )

(5) 57   (   )

(6) 91   (   )

2 다음 설명 중 옳은 것은 ○표, 옳지 않은 것은 ×표를 ( ) 안에 쓰시오.

(1) 합성수는 모두 짝수이다.   (   )

(2) 소수의 약수는 2개이다.   (   )

(3) 10 이하의 소수는 4개이다.   (   )

(4) 소수가 아닌 자연수는 합성수이다.   (   )

(5) 가장 작은 합성수는 2이다.   (   )

2 거듭제곱

3 다음 수의 밑과 지수를 각각 말하시오.

(1) 2^5 밑: _____, 지수: _____

(2) 5^9 밑: _____, 지수: _____

4 다음 수를 거듭제곱을 사용하여 나타내시오.

(1) $6 \times 6 \times 6 \times 6$ _____

(2) $2 \times 2 \times 2 \times 5 \times 5$ _____

(3) $7 \times 7 \times 11 \times 11 \times 11$ _____

(4) $\dfrac{1}{5} \times \dfrac{1}{5} \times \dfrac{1}{5} \times \dfrac{1}{5} \times \dfrac{1}{5}$ _____

(5) $\dfrac{1}{3} \times \dfrac{1}{3} \times \dfrac{1}{7} \times \dfrac{1}{7} \times \dfrac{1}{7}$ _____

(6) $\dfrac{1}{2 \times 2 \times 2 \times 3 \times 3}$ _____

5 다음 수를 소인수분해하고, 소인수를 모두 구하시오.

(1) $18 =$ _____ ➡ 소인수: _____

(2) $30 =$ _____ ➡ 소인수: _____

(3) $42 =$ _____ ➡ 소인수: _____

(4) $100 =$ _____ ➡ 소인수: _____

(5) $180 =$ _____ ➡ 소인수: _____

(6) $216 =$ _____ ➡ 소인수: _____

6 다음은 소인수분해를 이용하여 약수를 구하는 과정이다. 표의 빈칸을 채우고, 주어진 수의 약수를 모두 구하시오.

(1) 63

×	1	
1	1	
		63

63의 약수: _____

(2) 108

×	1			
1	1			
				108

108의 약수: _____

7 다음 보기에서 225의 약수인 것을 모두 고르시오.

보기
ㄱ. 5   ㄴ. 27   ㄷ. 45
ㄹ. 3×5^2 ㅁ. $3^3 \times 5^2$ ㅂ. 5^3

_____

8 다음 수의 약수는 모두 몇 개인지 구하시오.

(1) 3×7^2 _____

(2) $2^2 \times 3^2 \times 5$ _____

(3) 60 _____

(4) 168 _____

5 공약수와 최대공약수

9 다음 주어진 두 자연수의 약수, 공약수, 최대공약수를 구하시오.

(1) 18, 30

18의 약수　　　　　　: _____

30의 약수　　　　　　: _____

18과 30의 공약수　　: _____

18과 30의 최대공약수: _____

(2) 28, 49

28의 약수　　　　　　: _____

49의 약수　　　　　　: _____

28과 49의 공약수　　: _____

28과 49의 최대공약수: _____

10 두 자연수의 최대공약수가 다음과 같을 때, 최대공약수를 이용하여 두 자연수의 공약수를 모두 구하시오.

(1) 9　　　　　　　　　_____

(2) 12　　　　　　　　_____

(3) 26　　　　　　　　_____

11 다음 보기에서 두 수가 서로소인 것을 모두 고르시오.

> **보기**
>
> ㄱ. 10, 21　　ㄴ. 12, 27　　ㄷ. 12, 35
>
> ㄹ. 28, 40　　ㅁ. 32, 45

_____

6 최대공약수 구하기

12 다음 수들의 최대공약수를 소인수의 곱으로 나타내시오.

(1)
$$2^3 \times 5 \times 7^2$$
$$2^2 \times 5^2 \times 7$$

최대공약수: _____

(2)
$$3 \times 5^2$$
$$3^2 \times 5 \times 7$$
$$3^3 \qquad \times 7^2$$

최대공약수: _____

(3)
$$3 \times 5^2 \times 7$$
$$2^2 \times 3^3 \times 5$$
$$2 \times 3^2 \times 5 \times 7$$

최대공약수: _____

13 소인수분해를 이용하여 다음 수들의 최대공약수를 구하시오.

(1) 48, 54　　　　　　_____

(2) 64, 72　　　　　　_____

(3) 8, 12, 20　　　　_____

(4) 24, 48, 60　　　　_____

14 다음 주어진 두 자연수의 배수, 공배수, 최소공배수를 구하시오.

(1) 2, 3

2의 배수 : _____

3의 배수 : _____

2와 3의 공배수 : _____

2와 3의 최소공배수: _____

(2) 6, 9

6의 배수 : _____

9의 배수 : _____

6과 9의 공배수 : _____

6과 9의 최소공배수: _____

(3) 12, 18

12의 배수 : _____

18의 배수 : _____

12와 18의 공배수 : _____

12와 18의 최소공배수: _____

15 두 자연수의 최소공배수가 다음과 같을 때, 최소공배수를 이용하여 두 자연수의 공배수를 작은 수부터 차례로 3개만 구하시오.

(1) 10 _____

(2) 14 _____

(3) 25 _____

16 다음 수들의 최소공배수를 소인수의 곱으로 나타내시오.

(1)
$$2^2 \times 3^3 \times 5$$
$$2 \times 3^2 \times 5^2$$
최소공배수:

(2)
$$2^2 \qquad \times 7$$
$$2 \times 3 \times 7^2$$
$$2^3 \times 3^2 \times 7$$
최소공배수:

(3)
$$2 \times 3^2 \times 5$$
$$2^2 \times 3 \qquad \times 7$$
$$2 \qquad \times 5^2 \times 7$$
최소공배수:

17 소인수분해를 이용하여 다음 수들의 최소공배수를 구하시오.

(1) 15, 45 _____

(2) 42, 60 _____

(3) 12, 20, 32 _____

(4) 18, 30, 54 _____

정수와 유리수

▶정답과 해설 34쪽

Ⅱ·1 정수와 유리수

1 양수와 음수

1 다음 밑줄 친 부분을 부호 + 또는 −를 사용하여 나타내시오.

(1) 몸무게 3 kg 증가를 +3 kg으로 나타낼 때, 몸무게 2 kg 감소

_____

(2) 서쪽으로 100 m 떨어진 지점을 −100 m로 나타낼 때, 동쪽으로 50 m 떨어진 지점

_____

(3) 영상 8 °C를 +8 °C로 나타낼 때, 영하 3 °C

_____

2 다음 수를 부호 + 또는 −를 사용하여 나타내시오.

(1) 0보다 4만큼 큰 수 _____

(2) 0보다 6만큼 작은 수 _____

(3) 0보다 2.5만큼 큰 수 _____

(4) 0보다 $\dfrac{3}{7}$만큼 작은 수 _____

(5) 0보다 0.4만큼 작은 수 _____

3 다음 수를 보기에서 모두 고르시오.

보기
$$-3.7, \quad -4, \quad +1, \quad +\frac{5}{4}, \quad -23$$

(1) 양수 _____

(2) 음수 _____

2 정수와 유리수

4 다음 수를 보기에서 모두 고르시오.

보기
$$-5, \quad \frac{6}{3}, \quad 0, \quad +12, \quad -\frac{1}{2}, \quad +4.5$$

(1) 자연수 _____

(2) 정수 _____

(3) 음수 _____

(4) 정수가 아닌 유리수 _____

(5) 유리수 _____

5 다음 설명 중 옳은 것은 ◯표, 옳지 않은 것은 ×표를 ( ) 안에 쓰시오.

(1) 양수는 + 부호를 생략하여 나타낼 수 있다.

( )

(2) 모든 자연수는 유리수이다. ( )

(3) 양의 유리수와 음의 유리수를 통틀어 유리수라 한다. ( )

6 다음 수직선 위의 두 점 A, B에 대응하는 수를 각각 말하시오.

(1)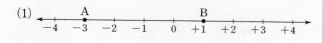

_____

(2)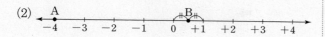

_____

(3)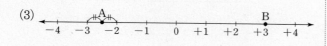

_____

7 다음 수에 대응하는 점을 각각 수직선 위에 나타내시오.

(1) A: −1, B: +4

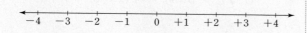

(2) A: 0, B: $+\dfrac{5}{2}$

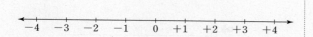

(3) A: $-\dfrac{2}{3}$, B: +1.5

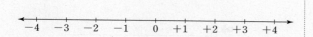

8 다음을 구하시오.

(1) $|+6|$

_____

(2) $|-8|$

_____

(3) $|-2.7|$

_____

(4) $\left|+\dfrac{3}{4}\right|$

_____

(5) $\left|-\dfrac{1}{10}\right|$

_____

9 다음을 구하시오.

(1) 절댓값이 9인 수

_____

(2) 절댓값이 1.2인 수

_____

(3) 절댓값이 0인 수

_____

(4) 절댓값이 4인 양수

_____

(5) 절댓값이 $\dfrac{2}{5}$인 음수

_____

10 다음 ○ 안에 부등호 >, < 중 알맞은 것을 쓰시오.

(1) -4 ◯ $+5$

(2) $-\dfrac{2}{3}$ ◯ 0

(3) $+2.5$ ◯ -6

(4) $+7.2$ ◯ $+10$

(5) $+\dfrac{3}{4}$ ◯ $+\dfrac{2}{3}$

(6) $+\dfrac{4}{5}$ ◯ $+0.9$

(7) -1.6 ◯ -2

(8) $-\dfrac{5}{7}$ ◯ $-\dfrac{3}{7}$

(9) $-\dfrac{1}{4}$ ◯ $-\dfrac{1}{3}$

(10) -1.4 ◯ $-\dfrac{3}{2}$

11 다음을 부등호를 사용하여 나타내시오.

(1) x는 3 초과이다.

(2) x는 -3 이하이다.

➡ _____

(3) x는 5보다 작지 않다.

➡ _____

(4) x는 1.5보다 작거나 같다.

➡ _____

(5) x는 -7 이상이고 4 미만이다.

➡ _____

(6) x는 2보다 크고 $\dfrac{7}{2}$보다 작다.

➡ _____

(7) x는 -3보다 작지 않고 5 이하이다.

➡ _____

(8) x는 $-\dfrac{2}{3}$보다 크거나 같고 $\dfrac{11}{5}$보다 크지 않다.

➡ _____

7 수의 덧셈 (1)

12 다음을 계산하시오.

(1) $(+6)+(+11)$ _____

(2) $(-5)+(-9)$ _____

(3) $(+2.4)+(+6.5)$ _____

(4) $\left(-\dfrac{2}{9}\right)+\left(-\dfrac{5}{9}\right)$ _____

(5) $\left(+\dfrac{1}{4}\right)+\left(+\dfrac{3}{8}\right)$ _____

(6) $\left(-\dfrac{2}{3}\right)+\left(-\dfrac{4}{5}\right)$ _____

(7) $\left(+\dfrac{7}{6}\right)+(+0.8)$ _____

13 다음을 계산하시오.

(1) $(+4)+(-10)$ _____

(2) $(-1.5)+(+3.2)$ _____

(3) $(+4.2)+(-6)$ _____

(4) $\left(-\dfrac{5}{3}\right)+\left(+\dfrac{10}{3}\right)$ _____

(5) $\left(+\dfrac{2}{7}\right)+\left(-\dfrac{1}{2}\right)$ _____

(6) $\left(-\dfrac{5}{9}\right)+\left(+\dfrac{5}{12}\right)$ _____

(7) $(-0.4)+\left(+\dfrac{3}{2}\right)$ _____

9 덧셈의 계산 법칙

14 다음을 계산하시오.

(1) $(+3)+(-11)+(-4)$ _____

(2) $(-2)+(+5)+(-7)$ _____

(3) $(+2)+(-5.8)+(+4)$ _____

(4) $(+1.5)+(-4.1)+(+2.2)$ _____

(5) $\left(+\dfrac{5}{2}\right)+(+4)+\left(-\dfrac{1}{2}\right)$ _____

(6) $\left(-\dfrac{1}{6}\right)+\left(-\dfrac{1}{3}\right)+\left(+\dfrac{5}{6}\right)$ _____

10 수의 뺄셈

15 다음을 계산하시오.

(1) $(+1)-(+9)$ _____

(2) $(-2.5)-(+1.3)$ _____

(3) $\left(+\dfrac{4}{5}\right)-\left(+\dfrac{3}{5}\right)$ _____

(4) $(+4)-(-12)$ _____

(5) $\left(+\dfrac{3}{8}\right)-\left(-\dfrac{5}{6}\right)$ _____

(6) $\left(-\dfrac{2}{3}\right)-(-0.5)$ _____

16 다음을 계산하시오.

(1) $(+8)-(-12)+(-8)$ _____

(2) $(-1)+(+9)-(-6)$ _____

(3) $(-5)+(+7)-(-3)-(+8)$ _____

(4) $\left(-\dfrac{6}{7}\right)+\left(-\dfrac{5}{7}\right)-\left(+\dfrac{3}{14}\right)$ _____

(5) $\left(+\dfrac{1}{2}\right)+\left(-\dfrac{1}{3}\right)-\left(-\dfrac{1}{4}\right)$ _____

(6) $\left(+\dfrac{4}{3}\right)-\left(+\dfrac{1}{5}\right)-\left(-\dfrac{6}{5}\right)+\left(-\dfrac{2}{3}\right)$ _____

17 다음을 계산하시오.

(1) $3-5+9$ _____

(2) $-2+4+7-10$ _____

(3) $-1.5+1-3.8+5$ _____

(4) $\dfrac{1}{5}-\dfrac{1}{10}-\dfrac{1}{2}$ _____

(5) $0.5-\dfrac{3}{4}+2.5-\dfrac{5}{4}$ _____

(6) $-\dfrac{4}{5}-\dfrac{2}{3}+1+\dfrac{1}{6}$ _____

13 수의 곱셈

18 다음을 계산하시오.

(1) $(+5) \times (+4)$ _____

(2) $(-6) \times (-7)$ _____

(3) $\left(+\dfrac{2}{5}\right) \times \left(+\dfrac{3}{4}\right)$ _____

(4) $(-8) \times 0$ _____

(5) $(+2) \times (-3.2)$ _____

(6) $\left(-\dfrac{5}{4}\right) \times (+24)$ _____

(7) $\left(+\dfrac{4}{7}\right) \times \left(-\dfrac{7}{8}\right)$ _____

14 곱셈의 계산 법칙

19 다음을 계산하시오.

(1) $(+25) \times (-7) \times (-2)$ _____

(2) $(-20) \times (+0.19) \times (+5)$ _____

(3) $(+8) \times \left(-\dfrac{5}{3}\right) \times \left(-\dfrac{1}{2}\right)$ _____

(4) $\left(-\dfrac{5}{2}\right) \times \left(+\dfrac{7}{3}\right) \times \left(-\dfrac{2}{5}\right)$ _____

(5) $\left(+\dfrac{9}{16}\right) \times \left(-\dfrac{5}{7}\right) \times \left(+\dfrac{8}{3}\right)$ _____

15 세 수 이상의 곱셈

20 다음을 계산하시오.

(1) $(-1) \times (-2) \times (+3)$ _____

(2) $(-6) \times (+2) \times (-3)$ _____

(3) $(+2) \times \left(-\dfrac{5}{6}\right) \times (+9)$ _____

(4) $\left(+\dfrac{6}{5}\right) \times \left(-\dfrac{10}{9}\right) \times \left(-\dfrac{3}{8}\right)$ _____

(5) $(-6) \times (-7) \times (+2) \times (-2)$ _____

(6) $\left(-\dfrac{1}{3}\right) \times (+6) \times \left(-\dfrac{1}{2}\right) \times (-5)$ _____

16 거듭제곱의 계산

21 다음을 계산하시오.

(1) $(-4)^2 \times (-1)^4$ _____

(2) $(-2)^3 \times \left(-\dfrac{1}{3}\right)^2$ _____

(3) $2 \times (-3)^2 \times (-1)^7$ _____

(4) $-1^2 \times (-0.1)^2 \times 5$ _____

(5) $(-5) \times \left(-\dfrac{1}{5}\right)^2 \times (-10)$ _____

(6) $-3^2 \times \left(-\dfrac{1}{2}\right)^3 \times \left(-\dfrac{4}{9}\right)$ _____

22 분배법칙을 이용하여 다음을 계산하시오.

(1) $(-13) \times (100+1)$ _____

(2) $(100-3) \times 21$ _____

(3) $(-24) \times \left(\dfrac{1}{4} - \dfrac{5}{6} \right)$ _____

(4) $3 \times 5.8 + 3 \times (-2.8)$ _____

(5) $(-6) \times \dfrac{7}{9} + (-12) \times \dfrac{7}{9}$ _____

(6) $32 \times \dfrac{14}{27} + 32 \times \dfrac{13}{27}$ _____

23 다음을 계산하시오.

(1) $(+48) \div (+4)$ _____

(2) $(-30) \div (-15)$ _____

(3) $0 \div (+9)$ _____

(4) $(+3) \div (-3)$ _____

(5) $(-20) \div (+4)$ _____

(6) $(-4.9) \div (+7)$ _____

(7) $(-5.4) \div (-0.6)$ _____

⑲ 역수를 이용한 수의 나눗셈

24 다음을 구하시오.

(1) $\dfrac{5}{3}$의 역수　　　　_____

(2) $-\dfrac{7}{8}$의 역수　　　　_____

(3) 9의 역수　　　　_____

(4) $-\dfrac{1}{4}$의 역수　　　　_____

(5) $2\dfrac{1}{5}$의 역수　　　　_____

(6) -0.8의 역수　　　　_____

25 다음을 구하시오.

(1) $\left(+\dfrac{8}{9}\right)\div\left(+\dfrac{2}{3}\right)$　　　　_____

(2) $\left(+\dfrac{4}{5}\right)\div(-6)$　　　　_____

(3) $\left(-\dfrac{11}{4}\right)\div\left(+\dfrac{1}{8}\right)$　　　　_____

(4) $\left(+\dfrac{6}{5}\right)\div\left(+1\dfrac{5}{7}\right)$　　　　_____

(5) $\left(-\dfrac{9}{5}\right)\div(-2.7)$　　　　_____

⑳ 덧셈, 뺄셈, 곱셈, 나눗셈의 혼합 계산

26 다음을 계산하시오.

(1) $\dfrac{7}{3}\times\left(-\dfrac{5}{7}\right)\div\dfrac{10}{9}$　　　　_____

(2) $\dfrac{2}{5}\div(-3)\times(-5)$　　　　_____

(3) $(-2)\times\dfrac{14}{15}\div(-0.7)$　　　　_____

(4) $2\div\left(-\dfrac{6}{5}\right)\div\dfrac{1}{9}$　　　　_____

(5) $(-45)\times\left(-\dfrac{1}{3}\right)^{2}\div\dfrac{5}{4}$　　　　_____

(6) $\dfrac{3}{8}\div\left(-\dfrac{5}{27}\right)\times\left(-\dfrac{2}{3}\right)^{3}$　　　　_____

27 다음을 계산하시오.

(1) $11+12\div(-3)$ _____

(2) $(-21)\div3-7$ _____

(3) $6-15\times4\div(-10)$ _____

(4) $19+25\div(-5)\times3$ _____

(5) $(-3)\times8+24\div(-6)$ _____

(6) $32\div(-2)^3-24\times\dfrac{1}{8}$ _____

28 다음을 계산하시오.

(1) $9-\{(-7)-(-11)\}\times4$ _____

(2) $6+\{(-1)+(4-9)\}\div(-3)$ _____

(3) $\dfrac{5}{8}\times\{(-3)^2-1\}\div\left(-\dfrac{10}{9}\right)$ _____

(4) $10+\{2\times(-4)-3\}\div\dfrac{1}{6}$ _____

(5) $\dfrac{3}{2}\div\left(-\dfrac{1}{2}\right)^2\times\left\{1-\left(\dfrac{1}{2}-\dfrac{1}{3}\right)\right\}$ _____

(6) $(-36)\times\left[\dfrac{7}{6}+\left\{\dfrac{1}{2}\div(0.5\times4-5)\right\}\right]$ _____

_____

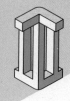

문자와 식

▶정답과 해설 39쪽

Ⅲ·1 문자의 사용과 식의 값

1 문자의 사용

1 다음을 문자를 사용한 식으로 나타내시오.

(1) 1200원짜리 형광펜 a자루와 600원짜리 연필 b자루를 살 때, 필요한 금액

––––––––––

(2) 학생 36명 중에서 남학생이 x명일 때, 여학생 수

––––––––––

(3) 한 개에 a원인 우표 5장을 사고 10000원을 냈을 때의 거스름돈

––––––––––

(4) 6포기에 x원인 배추 한 포기의 가격

––––––––––

(5) 밑변의 길이가 a cm, 높이가 b cm인 삼각형의 넓이

––––––––––

(6) 버스가 시속 x km로 2시간 동안 달린 거리

––––––––––

2 곱셈 기호의 생략

2 다음을 곱셈 기호 ×를 생략한 식으로 나타내시오.

(1) $b \times (-1) \times a$

––––––––––

(2) $x \times 4 \times y$

––––––––––

(3) $(a+b) \times (-5)$

––––––––––

(4) $x \times x \times 0.1 \times y$

––––––––––

(5) $a \times (-3) \times b \times a \times a \times b$

––––––––––

(6) $2 \times x + 6 \times y$

––––––––––

(7) $5 \times b \times b - 10$

––––––––––

(8) $(-7) \times x - y \times 1$

––––––––––

3 다음을 나눗셈 기호 ÷를 생략한 식으로 나타내시오.

(1) $x \div (-10)$ _____

(2) $5b \div a$ _____

(3) $y \div (2x-1)$ _____

(4) $a \div b \div 8$ _____

(5) $x \div y \div z$ _____

4 다음을 기호 ×, ÷를 생략한 식으로 나타내시오.

(1) $a \div 4 \times b$ _____

(2) $y \times y \div x$ _____

(3) $a \div b \times 7 \div c$ _____

(4) $(-1) \times x + 3 \div y$ _____

(5) $b \div 2 + (a-b) \times 5$ _____

5 다음을 구하시오.

(1) $x=2$일 때, $-x+5$의 값   _____

(2) $a=-6$일 때, $\dfrac{1}{3}a+1$의 값   _____

(3) $b=\dfrac{1}{2}$일 때, $10b+1$의 값   _____

(4) $y=-\dfrac{1}{3}$일 때, $-\dfrac{3}{y}+2$의 값   _____

(5) $a=-3$, $b=6$일 때, a^2-b^2의 값   _____

(6) $a=5$, $b=-4$일 때, $\dfrac{2ab}{a+b}$의 값   _____

(7) $x=\dfrac{1}{4}$, $y=\dfrac{1}{3}$일 때, $12x-9y$의 값

    _____

(8) $x=-\dfrac{1}{2}$, $y=-\dfrac{1}{5}$일 때, $\dfrac{4}{x}-\dfrac{3}{y}$의 값

    _____

5 다항식

6 다항식 $4x-y-5$에서 다음을 구하시오.

(1) 항 _____

(2) 상수항 _____

(3) x의 계수 _____

(4) y의 계수 _____

7 다항식 $-x^2+6x-7$에서 다음을 구하시오.

(1) 항 _____

(2) 상수항 _____

(3) x의 계수 _____

(4) x^2의 계수 _____

8 다음 보기에서 단항식인 것을 모두 고르시오.

보기
ㄱ. $-9a+1$ ㄴ. $2x^2$ ㄷ. $\dfrac{1}{4}b$
ㄹ. $5x+2y$ ㅁ. -6 ㅂ. $-x+2y+1$

_____

6 차수와 일차식

9 다음 다항식의 차수를 구하시오.

(1) $2x^3$ _____

(2) $3-8x$ _____

(3) $-\dfrac{1}{6}x^2+x-9$ _____

(4) $5x+2$ _____

(5) $-4+3x^2+x^3$ _____

10 다음 중 일차식인 것은 ○표, <u>아닌</u> 것은 ×표를 ( ) 안에 쓰시오.

(1) -5 ( )

(2) $4x+3$ ( )

(3) $\dfrac{1}{a}-4$ ( )

(4) $\dfrac{x}{6}+2$ ( )

(5) y^2+1 ( )

(6) $\dfrac{7b-2}{3}$ ( )

11 다음 식을 계산하시오.

(1) $2 \times 6x$ _____

(2) $3a \times (-6)$ _____

(3) $4y \times 5$ _____

(4) $\dfrac{4}{5}x \times 15$ _____

(5) $(-8b) \times \dfrac{3}{4}$ _____

12 다음 식을 계산하시오.

(1) $24x \div 8$ _____

(2) $(-27y) \div 9$ _____

(3) $6a \div \dfrac{3}{2}$ _____

(4) $12b \div \left(-\dfrac{6}{5}\right)$ _____

(5) $\left(-\dfrac{3}{4}x\right) \div \dfrac{9}{8}$ _____

13 다음 식을 계산하시오.

(1) $\dfrac{1}{4}(x-8)$ _____

(2) $-2(3y-1)$ _____

(3) $(5-4a) \times 3$ _____

(4) $(7b+2) \times (-6)$ _____

(5) $(21x-6) \times \dfrac{1}{3}$ _____

14 다음 식을 계산하시오.

(1) $(2a-8) \div 2$ _____

(2) $(5b-10) \div (-5)$ _____

(3) $(9x+24) \div \dfrac{3}{2}$ _____

(4) $(14y-6) \div \left(-\dfrac{7}{2}\right)$ _____

(5) $(-36x+4) \div \dfrac{4}{3}$ _____

9 동류항 / 동류항의 계산

15 다음 다항식에서 동류항을 각각 말하시오.

(1) $x+4-6x-1$ _____

(2) $3x-2+\dfrac{x}{2}-3$ _____

(3) $6y^2+5y-y^2-y$ _____

(4) $-4x+3y+6x-2y$ _____

16 다음 식을 계산하시오.

(1) $5a-a+4a$ _____

(2) $2b-4b-7b$ _____

(3) $7x-3+2x-4$ _____

(4) $8y+2-5y-4$ _____

(5) $b-3a+2a-3b$ _____

(6) $\dfrac{x}{4}+6+\dfrac{3}{4}x-2$ _____

10 일차식의 덧셈과 뺄셈

17 다음 식을 계산하시오.

(1) $(4x+3)+(2x-1)$ _____

(2) $(2x+7)+(2-3x)$ _____

(3) $(5x-2)-(8x-7)$ _____

(4) $(9x-2)-(-7x+3)$ _____

(5) $2(3x-8)+3(x+5)$ _____

(6) $3(2-x)+(-4x+5)$ _____

(7) $4(-x-1)+3(2x-3)$ _____

(8) $\dfrac{1}{2}(8x+4)+6\left(\dfrac{1}{2}x-\dfrac{2}{3}\right)$ _____

(9) $4(x+3)-7(x-1)$ _____

(10) $3(2x-7)-(1-8x)$ _____

(11) $2(-5x+4)-3(2x+2)$ _____

(12) $\dfrac{1}{3}(6x+9)-\dfrac{1}{2}(8x-2)$ _____

18 다음 식을 계산하시오.

(1) $\dfrac{x+2}{3}+\dfrac{2x+4}{9}$ _____

(2) $\dfrac{3x+1}{2}-\dfrac{x-4}{3}$ _____

(3) $\dfrac{4x-3}{6}+\dfrac{3(x-1)}{4}$ _____

(4) $\dfrac{2(x-4)}{3}-\dfrac{3x-10}{5}$ _____

Ⅲ·3 일차방정식

11 등식

19 다음 보기에서 등식을 모두 고르시오.

보기
ㄱ. $4x+6$ ㄴ. $2x+1=0$
ㄷ. $2+5x>1$ ㄹ. $1+4=5$
ㅁ. $5x-3x=2x$ ㅂ. $1+3>2$

_____

20 다음 문장을 등식으로 나타내시오.

(1) 어떤 수 x의 3배에 2를 더한 값은 x를 2배한 값과 같다.

_____

(2) 7000원짜리 포도 x송이의 가격은 42000원이다.

_____

(3) 쌀 x g과 보리 30 g을 섞은 무게의 2배는 260 g이다.

_____

(4) 한 변의 길이가 x cm인 정사각형의 둘레의 길이는 32 cm이다.

_____

(5) 48개의 젤리를 x명의 학생에게 5개씩 나누어 주었더니 3개가 남았다.

_____

12 방정식과 그 해

21 다음 방정식 중 $x=2$가 해이면 ○표, 해가 아니면 ×표를 ( ) 안에 쓰시오.

(1) $x+3=5$ ( )

(2) $8-6x=4$ ( )

(3) $5x=-3x+4$ ( )

(4) $7-3x=5-2x$ ( )

(5) $2(x+1)=7x-8$ ( )

22 다음 [ ] 안의 수가 주어진 방정식의 해이면 ○표, 해가 아니면 ×표를 ( ) 안에 쓰시오.

(1) $9x-2=11$ [1] ( )

(2) $-3-2x=3$ [0] ( )

(3) $6x-4=5x-1$ [3] ( )

(4) $5(x+1)-3=3x$ [-1] ( )

(5) $-(x+2)=2x+7$ [-3] ( )

13 항등식

23 다음 중 항등식인 것은 ○표, <u>아닌</u> 것은 ×표를 ( ) 안에 쓰시오.

(1) $6x-x=5x$ ( )

(2) $1-2x=-2x+1$ ( )

(3) $3(x-4)=3x-4$ ( )

(4) $x+9-2x=x-9$ ( )

(5) $6x-(2x+5)=4x+5$ ( )

24 다음 등식이 x에 대한 항등식이 되도록 하는 상수 a, b의 값을 각각 구하시오.

(1) $ax+b=2x+7$ _____

(2) $3x+a=bx-1$ _____

(3) $ax-5=4x+b$ _____

(4) $ax+6=x-2b$ _____

(5) $2(x+a)=bx+8$ _____

25 다음 중 옳은 것은 ○표, 옳지 <u>않은</u> 것은 ×표를 ( ) 안에 쓰시오.

(1) $a=b$이면 $a+3=b+3$이다.　　　　(　　)

(2) $x=2y$이면 $x-2y=0$이다.　　　　(　　)

(3) $2a=3b$이면 $\dfrac{a}{2}=\dfrac{b}{3}$이다.　　　　(　　)

(4) $4+a=4-b$이면 $a=b$이다.　　　　(　　)

(5) $\dfrac{a}{3}=\dfrac{b}{4}$이면 $4a=3b$이다.　　　　(　　)

26 등식의 성질을 이용하여 다음 방정식을 푸시오.

(1) $7+x=14$　　　　_____

(2) $3x-5=-2$　　　　_____

(3) $\dfrac{1}{2}x+6=12$　　　　_____

(4) $\dfrac{1}{5}x-9=-3$　　　　_____

27 다음 등식에서 밑줄 친 항을 이항하시오.

(1) $\underline{6}-x=4$　　　　_____

(2) $2x=\underline{6x}+5$　　　　_____

(3) $4x+\underline{5}=\underline{7x}-3$　　　　_____

(4) $\underline{12}-x=\underline{-5x}+4$　　　　_____

28 다음 중 일차방정식인 것은 ○표, <u>아닌</u> 것은 ×표를 ( ) 안에 쓰시오.

(1) $x=7x-3$　　　　(　　)

(2) $5x-6=2$　　　　(　　)

(3) $x^2+4=x$　　　　(　　)

(4) $3x-3=3(x-1)$　　　　(　　)

(5) $2x(x-1)=1+2x$　　　　(　　)

(6) $x^2+4x-3=x^2+1$　　　　(　　)

16 일차방정식의 풀이

29 다음 일차방정식을 푸시오.

(1) $7x = -2x - 18$ _____

(2) $5x + 1 = 6x - 4$ _____

(3) $-4x + 7 = 3 - 2x$ _____

(4) $-2(x + 5) = 8x$ _____

(5) $9x - 3(2x + 1) = 12$ _____

(6) $3(x - 2) = 5(x + 4)$ _____

(7) $8 - (3x - 7) = -3(1 - 2x)$ _____

17 복잡한 일차방정식의 풀이

30 다음 일차방정식을 푸시오.

(1) $1.2x - 0.5 = 2x + 1.1$ _____

(2) $0.01x + 0.32 = 0.2 - 0.03x$ _____

(3) $\dfrac{1}{2}x + 1 = \dfrac{1}{3}x + 2$ _____

(4) $\dfrac{3}{4}x - 5 = \dfrac{1}{2}(3x - 7)$ _____

(5) $0.2x - 2 = \dfrac{1}{2}(x - 4) + 3$ _____

(6) $0.4(x - 2) = -\dfrac{1}{6}x + \dfrac{1}{3}$ _____

31 어떤 수의 10배에서 15를 뺀 수는 어떤 수의 5배일 때, 어떤 수를 구하시오.

_____

32 연속하는 세 자연수의 합이 126일 때, 세 자연수를 구하시오.

_____

33 나이 차가 3세인 형과 동생의 나이의 합이 29세일 때, 형의 나이를 구하시오.

_____

34 올해 아버지의 나이는 48세이고, 아들의 나이는 14세이다. 아버지의 나이가 아들의 나이의 3배가 되는 것은 몇 년 후인지 구하시오.

_____

35 혜진이가 등산을 하는데 올라갈 때는 시속 2 km로 걷고, 내려올 때는 같은 등산로를 시속 4 km로 걸어서 총 3시간이 걸렸다. 혜진이가 올라갈 때 걸어간 거리를 구하시오.

_____

36 세영이가 두 지점 A, B 사이를 왕복하는데 갈 때는 초속 12 m로 자전거를 타고, 올 때는 초속 6 m로 뛰어서 총 2분 30초가 걸렸다. 두 지점 A, B 사이의 거리를 구하시오.

_____

37 초롱이가 집에서 놀이공원까지 가는데 시속 10 km로 자전거를 타고 가면 같은 길을 시속 60 km로 자동차를 타고 가는 것보다 50분이 더 걸린다고 한다. 집에서 놀이공원까지의 거리를 구하시오.

_____

38 창호가 집에서 방송국까지 가는데 시속 6 km로 뛰어가면 같은 길을 시속 4 km로 걸어가는 것보다 15분 빨리 도착한다고 한다. 집에서 방송국까지의 거리를 구하시오.

_____

좌표평면과 그래프

▶정답과 해설 44쪽

Ⅳ·1 　좌표와 그래프

1 순서쌍과 좌표

1 다음 수직선 위의 세 점 A, B, C의 좌표를 각각 기호로 나타내시오.

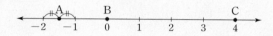

_____

2 다음 좌표평면 위의 네 점 A, B, C, D의 좌표를 각각 기호로 나타내시오.

(1)

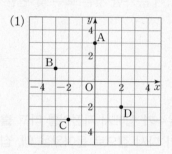

_____

(2)

(그래프: B, A, C, D)

_____

(3)

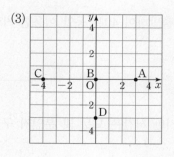

_____

2 사분면

3 다음은 제몇 사분면 위의 점인지 구하시오.

(1) A(10, 6)

_____

(2) B(−5, −5)

_____

(3) C(−6, 2)

_____

(4) D(3, −8)

_____

(5) E(−11, 15)

_____

(6) F(12, 12)

_____

(7) G(14, −9)

_____

4 $a>0$, $b<0$일 때, 다음은 제몇 사분면 위의 점인지 구하시오.

(1) A(a, b)

_____

(2) B(a, $-b$)

_____

(3) C($-a$, b)

_____

(4) D(b, a)

_____

(5) E(b, $-a$)

_____

5 다음 상황을 읽고, 하루 동안의 기온을 시간에 따라 나타낸 그래프로 가장 알맞은 것을 보기에서 고르시오.

> 오전에 기온이 오르다 비가 내리면서 기온이 내려갔다. 한동안 변함이 없었고, 비가 그치고 나니 기온이 조금 올라갔다. 해가 지고는 기온이 다시 내려갔다.

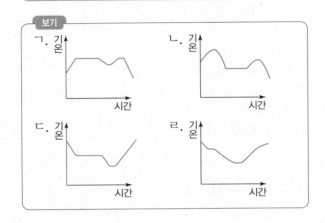

6 다음 보기의 그래프는 물병에 남아 있는 물의 양을 시간에 따라 나타낸 것이다. 각 상황에 알맞은 그래프를 보기에서 고르시오.

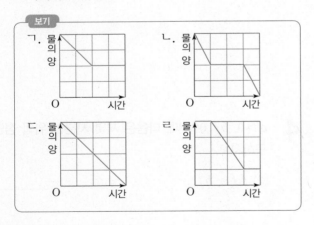

(1) 물을 한 번에 모두 마셨다. _____

(2) 물을 마시다가 반쯤 마신 후 그만 마셨다. _____

(3) 물을 반쯤 마시고 줄넘기를 한 후 남은 물을 모두 마셨다.

_____

7 오른쪽 그래프는 어느 자동차가 이동할 때, 자동차의 속력을 시간에 따라 나타낸 것이다. 다음 물음에 답하시오.

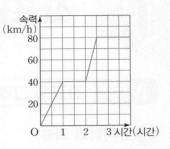

(1) 자동차가 가장 빨리 이동할 때의 속력은 시속 몇 km인지 구하시오.

_____

(2) 자동차가 시속 40 km로 이동한 것은 몇 분 동안인지 구하시오.

_____

(3) 자동차의 속력이 증가한 것은 모두 몇 번인지 구하시오.

_____

8 다음 그래프는 은수가 집에서 자전거를 타고 출발하여 서점에 갔다가 다시 집으로 돌아왔을 때, 집에서 떨어진 거리를 시간에 따라 나타낸 것이다. 물음에 답하시오.

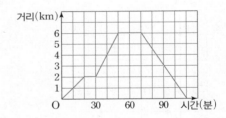

(1) 은수가 서점에 갔다 오는 데 걸린 시간을 구하시오.

_____

(2) 은수가 집을 출발하여 40분 동안 이동한 거리를 구하시오.

_____

(3) 자전거가 정지한 시간은 모두 몇 분인지 구하시오.

_____

4 정비례 관계

9 다음 표의 빈칸을 알맞게 채우고, x와 y 사이의 관계식을 구하시오.

(1) 한 개에 600원인 과자 x봉지의 가격은 y원이다.

x	1	2	3	4	5	⋯
y						⋯

➡ 관계식: _____

(2) 가로의 길이가 4 cm, 세로의 길이가 x cm인 직사각형의 넓이는 y cm²이다.

x	1	2	3	4	5	⋯
y						⋯

➡ 관계식: _____

10 다음에서 x와 y 사이의 관계식을 구하시오.

(1) 한 자루에 700원인 볼펜 x자루의 가격은 y원이다.

_____

(2) 시속 10 km로 달리는 자동차가 x시간 동안 달린 거리는 y km이다.

_____

11 다음에서 x와 y 사이의 관계식을 구하시오.

(1) y가 x에 정비례하고, $x=3$일 때 $y=15$이다.

_____

(2) y가 x에 정비례하고, $x=8$일 때 $y=-2$이다.

_____

5 정비례 관계의 활용

12 한 변의 길이가 x cm인 정삼각형의 둘레가 y cm일 때, 다음 물음에 답하시오.

(1) x와 y 사이의 관계식을 구하시오.

_____

(2) 한 변의 길이가 6 cm인 정삼각형의 둘레의 길이를 구하시오.

_____

13 1분에 300 m를 달리는 자전거가 x분 동안 달린 거리를 y m라 할 때, 다음 물음에 답하시오.

(1) x와 y 사이의 관계식을 구하시오.

_____

(2) 이 자전거를 타고 집에서 1500 m 떨어진 공원까지 가는 데 걸리는 시간은 몇 분인지 구하시오.

_____

14 1 kg은 파운드로 단위를 변환하면 2.2 lb라 한다. 무게가 x kg인 물체를 파운드로 단위를 변환하면 y lb라 할 때, 다음 물음에 답하시오. (lb: 파운드의 단위)

(1) x와 y 사이의 관계식을 구하시오.

_____

(2) 어떤 물체의 무게가 30.8 lb이면, 몇 kg인지 구하시오.

_____

15 다음 정비례 관계의 그래프가 지나는 사분면을 쓰시오.

(1) $y=x$ _____

(2) $y=\dfrac{8}{5}x$ _____

(3) $y=-\dfrac{2}{3}x$ _____

16 다음 점이 정비례 관계 $y=\dfrac{1}{2}x$의 그래프 위에 있으면 ○표, 그래프 위에 있지 않으면 ×표를 ( ) 안에 쓰시오.

(1) $(1, 2)$ ( )

(2) $(2, 1)$ ( )

(3) $\left(-\dfrac{1}{2}, \dfrac{1}{4}\right)$ ( )

17 정비례 관계 $y=ax$의 그래프가 다음과 같을 때, 상수 a의 값을 구하시오.

(1)

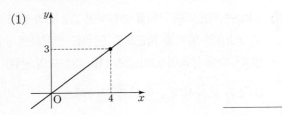

_____

(2)

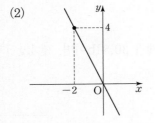

_____

18 다음 표의 빈칸을 알맞게 채우고, x와 y 사이의 관계식을 구하시오.

(1) 전체 96쪽인 시집을 x일 동안 모두 읽으려면 하루에 y쪽씩 읽어야 한다.

x	1	2	3	4	5	...
y						...

➡ 관계식: _____

(2) 2 L의 우유를 x명이 나누어 마실 때, 한 사람이 마실 수 있는 우유의 양은 y L이다.

x	1	2	3	4	5	...
y						...

➡ 관계식: _____

19 다음에서 x와 y 사이의 관계식을 구하시오.

(1) 집에서 50 km 떨어진 놀이공원에 자동차를 타고 시속 x km로 가면 y시간이 걸린다.

_____

(2) 넓이가 10 cm²인 삼각형의 밑변의 길이가 x cm일 때, 높이는 y cm이다.

_____

20 다음에서 x와 y 사이의 관계식을 구하시오.

(1) y가 x에 반비례하고, $x=15$일 때 $y=5$이다.

_____

(2) y가 x에 반비례하고, $x=4$일 때 $y=-7$이다.

_____

8 반비례 관계의 활용

21 600 cm인 리본을 x cm씩 y개로 자를 때, 다음 물음에 답하시오.

(1) x와 y 사이의 관계식을 구하시오.

_____

(2) 이 리본을 12개로 자를 때, 리본 한 개의 길이를 구하시오.

_____

22 음파의 파장은 진동수에 반비례한다. 오른쪽 그래프는 어떤 음파의 진동수 x Hz와 파장 y m 사이의 관계를 나타낸 것이다. 다음 물음에 답하시오. (단, Hz(헤르츠)는 진동수의 단위이다.)

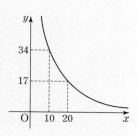

(1) x와 y 사이의 관계식을 구하시오.

_____

(2) 이 음파의 진동수가 5 Hz일 때, 파장을 구하시오.

_____

23 똑같은 기계 5대로 60일 동안 작업해야 끝나는 일이 있다. 이 일을 똑같은 기계 x대로 작업하면 y일이 걸린다고 할 때, 다음 물음에 답하시오.

(1) (전체 일의 양)＝(기계의 대수)×(작업 기간)임을 이용하여 x와 y 사이의 관계식을 구하시오.

_____

(2) 이 일을 6일 만에 끝내려면 몇 대의 기계가 필요한지 구하시오.

_____

9 반비례 관계 $y=\dfrac{a}{x}\,(a\neq0)$의 그래프

24 다음 반비례 관계의 그래프가 지나는 사분면을 쓰시오.

(1) $y=\dfrac{3}{x}$

_____

(2) $y=-\dfrac{2}{x}$

_____

(3) $y=-\dfrac{9}{x}$

_____

25 다음 점이 반비례 관계 $y=-\dfrac{16}{x}$의 그래프 위에 있으면 ○표, 그래프 위에 있지 않으면 ×표를 ( ) 안에 쓰시오.

(1) $(2,\,8)$　　　　　　　　　(　　)

(2) $(-4,\,4)$　　　　　　　　(　　)

(3) $(-16,\,-1)$　　　　　　　(　　)

26 반비례 관계 $y=\dfrac{a}{x}$의 그래프가 다음과 같을 때, 상수 a의 값을 구하시오.

(1)

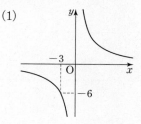

_____

(2)

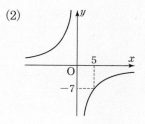

_____

교과서
개념
잡기

교과서 내용을 쉽고 빠르게 학습하여 개념을 꽉! 잡아줍니다.

대표전화 1544-0554

주소 경기도 과천시 과천대로2길 54

협의 없는 무단 복제는 법으로 금지되어 있습니다.